河南省科技攻关项目《光伏废硅粉制备"自愈合"硅基负极材料的研究及其在高比容锂离子电池中的应用》（项目号：212102210243）
开封市科技攻关项目《高性能低成本硅基锂离子电池材料的制备研究》（项目号 2101002）

新时代锂电材料性能及其创新路径发展研究

刘 进 著

吉林科学技术出版社

图书在版编目（CIP）数据

新时代锂电材料性能及其创新路径发展研究 / 刘进
著. -- 长春：吉林科学技术出版社，2022.4
ISBN 978-7-5578-9307-1

Ⅰ.①新… Ⅱ.①刘… Ⅲ.①锂电池–材料–研究
Ⅳ.①TM911

中国版本图书馆CIP数据核字(2022)第072951号

新时代锂电材料性能及其创新路径发展研究

著	刘 进
出 版 人	宛 霞
责任编辑	钟金女
封面设计	优盛文化
制 版	优盛文化
幅面尺寸	185mm×260mm
开 本	16
字 数	226 千字
印 张	14.25
印 数	1–1500 册
版 次	2022年4月第1版
印 次	2022年4月第1次印刷

出 版　吉林科学技术出版社
发 行　吉林科学技术出版社
地 址　长春市南关区福祉大路5788号出版大厦A座
邮 编　130118
发行部电话/传真　0431-81629529　81629530　81629531
　　　　　　　　　81629532　81629533　81629534
储运部电话　0431-86059116
编辑部电话　0431-81629510
印 刷　廊坊市印艺阁数字科技有限公司

书 号　ISBN 978-7-5578-9307-1
定 价　68.00元

前　言

　　能源短缺是当今世界面临的重大问题之一，因而，对新型清洁能源的开发和应用成为迫在眉睫的重要任务。

　　锂离子电池因其具有比能量大、自放电小、质量轻和环境友好等优点成为便携式电子产品的理想电源，也是电动汽车和混合电动汽车的首选电源。因此，锂离子电池及其相关材料已成为世界各国科研人员的研究热点之一。锂离子电池主要由正极材料、负极材料、电解液和电池隔膜四部分组成，其性能主要取决于电池内部材料所采用的结构和性能。正极材料是锂离子电池的核心，也是区别多种锂离子电池的依据，占电池成本的40%以上；负极材料相对来说市场较为成熟，成本所占比例在10%左右。正极材料由于其价格偏高、比容量偏低而成为制约锂离子电池被大规模推广应用的瓶颈。一般来说，和负极材料相比，正极材料的能量密度和功率密度较低，并且这也是造成动力锂离子电池安全隐患的主要原因。虽然锂离子电池的保护电路已经比较成熟，但对于电池而言，要真正保证安全，电极材料的选择十分关键。目前，市场上消费类产业化锂离子电池产品的负极材料均采用石墨类碳基材料。但是碳基负极材料由于嵌锂电位接近金属锂，在电池使用过程中，随着不断地充放电，锂离子易在碳负极上发生沉积，并生成针状锂枝晶，进而刺破隔膜导致电池内部短路造成安全事故或潜在危险。因此，正负极材料的选择和质量直接决定了锂离子电池的性能、价格及其安全性。对廉价、高性能的电极材料的研究一直是锂离子电池行业发展的重点。

　　本书由开封大学刘进编写。本书立足于锂电材料的基础性能理论和创新路径发展两个方面，首先对锂电材料的概念及发展趋势进行简要概述，介绍现代锂电材料的制备技术、表征方法与原理及锂离子电池材料规模化生产技术等；其次对锂电材料的高电压电解液添加剂、锂离子电池多孔电极等相关问题进行梳理和分析；最后从锂离子电池的安全性及其电化学性能发展应用方面进行探讨。本书论述严谨，结构合理，条理清晰，内容丰富，能为新时代锂电材料性能及其创新路径发展相关理论的深入研究提供借鉴。

本书在撰写过程中参考和借鉴了一些知名学者和专家的观点及论著，在此向他们表示深深的感谢。由于水平和时间所限，书中难免有不足之处，希望各位读者和专家能够提出宝贵意见，以待进一步修改，使之更加完善。

刘　进

2022 年 1 月

目　录

第一章 锂电材料性能综述

第一节 锂电材料性能基础理论

一、锂离子电池原理

锂离子电池是指以锂离子嵌入化合物为正极材料电池的总称。常用的正极锂离子嵌入化合物为过渡金属氧化物，如 $LiCoO_2$、$LiNiO_2$、$LiMn_2O_4$、$LiFePO_4$ 等。研究中的负极材料包括锂—碳层间化合物 Li_xC_6、Sn 合金、Si 合金、$LiTi_4O_{10}$ 等，其中中间相碳微球（MCMB）和改性石墨微粒应用得比较成功，在充电过程中，锂离子插入石墨的层状结构中，放电时从其中脱插。电解质溶解了锂盐（如 $LiPF_6$、$LiAsF_6$、$LiClO_4$ 等）的有机溶剂。溶剂主要有碳酸乙烯酯（EC）、碳酸丙烯酯（PC）、碳酸二甲酯（DMC）和氯碳酸酯（CIMC）等。

锂离子电池的充放电过程就是锂离子的嵌入和脱嵌过程，该过程同时伴随着与锂离子等物质的量的电子的嵌入和脱嵌。正极习惯用嵌入或脱嵌表示，而负极习惯用插入或脱插表示。在充放电过程中，锂离子在正负极之间往返嵌入—脱嵌/插入—脱插，被形象地称为"摇椅电池"（RCB）。

充电时，正极中的锂离子从钴酸锂（$LiCoO_2$）等过渡金属氧化物的晶格中脱出，经过电解液这一桥梁嵌入炭素材料负极的层状结构中。正极材料的体积因锂离子的移出而发生变化，但其本身的骨架结构维持不变，负极材料与锂离子发生嵌入反应或合金化反应。放电时，锂离子从炭素材料层间脱出，经过电解液到达正极并嵌入正极材料的晶格，电极材料的结构得以复原。在循环过程中，正极材料的作用是提供锂离子。

下面以石墨负极和 $LiCoO_2$ 正极的锂离子电池为例，说明电池的工作原理。反应式式（1-1）～式（1-3）描述了 $LiCoO_2/C$ 电池充电时锂离子从 $LiCoO_2$ 中脱出，嵌入石墨层间的反应过程，放电时与之相反。

正极：

$$LiCoO_2 \rightarrow Li_{1-x}CoO_2 + xLi^+ + xe^- \tag{1-1}$$

负极：

$$6C + xLi^+ + xe^- \rightarrow Li_xC_6 \tag{1-2}$$

电池反应：

$$LiCoO_2 + 6C \rightarrow Li_{1-x}CoO_2 + Li_xC_6 \tag{1-3}$$

锂离子二次电池实际上是一种锂离子浓差电池，充电时，Li^+ 从正极脱出，经过电解液嵌入负极，负极处于富锂状态，正极处于贫锂状态，同时电子的补偿电荷从外电路供给碳负极，以确保电荷的平衡。放电时则相反，Li^+ 从负极脱出，经过电解液嵌入正极材料，正极处于富锂状态。在正常充放电的情况下，Li^+ 在层状结构的碳材料和层状结构氧化物的层间嵌入和脱出，一般只引起材料的层面间距变化，不破坏其晶体结构，在充放电过程中，负极材料的化学结构基本不变。因此，从充放电反应的可逆性来看，锂离子电池反应是一种理想的可逆反应。充放电过程中不存在金属锂的沉积和溶解，避免了锂枝晶的生成，极大地提高了电池的安全性，延长了循环寿命，这也是锂离子电池比锂金属二次电池优越并取代之的根本原因。

锂离子电池可以使用液体电解质和聚合物电解质。在使用有机电解液、电解质的锂离子电池中，电极材料需要满足两个重要的条件：第一，电解液要能在石墨上形成稳定的、有效的 SEI 膜，从而限制自放电，且允许 Li^+ 快速可逆传输。第二，电解质的电化学窗口范围为 0 ～ 4.3 V（相对于 Li/Li^+ 电极而言），电解液的正常工作温度需要在一定的范围内。温度太高时，如高于 60 ℃时，锂离子电池工作将会出现问题：正极与电解质的副反应加快，同时碳表面的 SEI 膜变得不稳定。对于液体电解质，值得关心的问题之一是其可燃性，在很多场合，它已经成为电池的危险源。添加剂（阻燃剂）包括磷酸三乙酯和磷酸三甲酯以及其他含磷有机化合物，能降低液体电解质的可燃性。

2

二、锂离子电池的主要参数

（一）电动势

电池的电动势又称电池标准电压或理论电压，为电池断路时（没有电流流过外线路）正负两极之间的电位差。

$$E = \varphi^+ - \varphi^-　　　　　（1-4）$$

式中：E——电池电动势，V；

　　　φ^+——处于热力学平衡状态时正极的电极电位，V；

　　　φ^-——处于热力学平衡状态时负极的电极电位，V。

电池的电动势可以由电池体系热力学函数自由能的变化计算得出。体系在等温等压条件下发生变化时，吉布斯自由能的减小等于对外所做的最大膨胀功，若非膨胀功只有电功，则

$$\Delta G_{T \cdot P} = -nFE　　　　　（1-5）$$

式中：n——电极在氧化还原过程中得失电子数；

　　　F——法拉第常数，即因电极反应而生成的或溶解的物质的量和通过的电量与该物质的化学当量成正比，生成或溶解 1 mol 的物质需要 1 F 的电量；

　　　E——可逆电动势，即正负极电位差，V，如果参加反应物质的活度为 1，则 E 为可逆反应的标准电动势。

锂离子电池包含正极、负极和电解液，锂离子电池中正极是 Li^+ 的来源，负极是 Li^+ 的接收器。在理想的电池中，电解液中 Li^+ 的迁移数应为 1。电动势由正负极之间的化学势之差决定。

（二）电压

锂离子电池电压参数包括开路电压、终止电压、工作电压和充电电压等几种。

1. 开路电压

开路电压 E_{ocv} 是外电路没有电流流过时电池正负极之间的电位差。一般开路电压小于电池电动势。

$$E_{ocv} = U + IR_s　　　　　（1-6）$$

式中：U——正负电极之间的电压，V；

　　I——工作电流，A；

　　R_s——内阻，Ω；

　　E_{ocv}——I 为 0 时的电压，即开路电压，V。

电池的电动势是通过热力学函数计算得到的，而电池的开路电压是实际测量得到的。

2. 终止电压

终止电压是电池在放电或充电时所规定的最低放电电压或最高充电电压。对于锂离子电池这种二次电池而言，终止电压是在既考虑电池容量又考虑循环稳定性的基础上确定的。在低温或大电流放电时，由于极化较为严重，为保证活性材料得到充分利用，一般其充放电的终止电压的范围会定得更大一些。

3. 工作电压

工作电压又称放电电压或负荷电压，是指电流通过外电路时，电池电极间的电位差，为电池在放电过程中实际输出的电压，其大小随电流和放电程度在开路电压和终止电压之间的范围内变化。工作电压总是低于开路电压，因为电流流过电池内部时，必须克服极化电阻和欧姆内阻所造成的阻力。

工作电压：

$$U_{cc} = E_{ocr} - IR_i = E_{ocv} - I\left(R_\Omega + R_i\right) \qquad (1-7)$$

或

$$U_{cc} = E_{ocv} - \eta^+ - \eta^- - IR_\Omega = \varphi^+ - \varphi^- - IR_\Omega \qquad (1-8)$$

式中：η^+——正极极化过电位，V；

　　η^-——负极极化过电位，V；

　　φ^+——正极电位，V；

　　φ^-——负极电位，V；

　　I——工作电流，A。

电池的工作电压受放电制度影响，即放电时间、放电电流、环境温度、终止电压等都会影响电池的工作电压。

4. 充电电压

仅就二次电池充电而言，电池的充电电压为充电时该二次电池的端电压。在恒电流充电场合，充电电压随充电时间的延长逐渐升高。在恒电压充电场合，充电电流随充电时间的延长很快减小。

对于某些电池，为了保证电池充足电，并保护电池不过充或抑制气体析出，规定了充电的终止电压。

（三）电池内阻

电池内阻是衡量电池性能的一个重要参数，电池内阻大，会降低电池放电时的工作电压，增加电池内部能量损耗，从而加剧电池的发热。电池内阻大小主要受电池材料、制造工艺、电池结构等多种因素的影响。

电池内阻包括欧姆电阻（R_Ω）和极化电阻（R_f）两部分。

欧姆电阻由电极材料欧姆电阻、电解液欧姆电阻、隔膜电阻、集流体电阻以及部件之间的接触电阻组成。当电极表面形成各种膜层，如氧化膜（钝化膜）、沉积膜和吸附膜等时，也会产生欧姆电阻，并可能成为电池欧姆电阻的主要组成部分，这种现象在金属电极上容易发生。隔膜电阻是当电流流过电解液时，隔膜有效微孔中电解液所产生的电阻 R_M：

$$R_M = \rho_S \cdot J \qquad （1-9）$$

式中：ρ_S——溶液比电阻，Ω；

　　　　J——与隔膜微孔结构有关的因素，包括膜厚、孔率、孔径、孔的弯曲程度。

电解液的欧姆电阻主要与电解液的组成、浓度、温度有关。电极固相欧姆电阻包括活性物质颗粒间电阻、活性物质与骨架间接触电阻以及极耳、极柱的电阻总和。此外，欧姆电阻还与电池的电化学体系、尺寸大小、结构和成型工艺有关。

极化电阻是指电化学反应时极化引起的电阻，包括电化学极化和浓差极化引起的电阻。在不同的场合，各种极化所起的作用不同，因而所占的比重也不同，这主要与电极材料的本性、电极的结构和制造工艺以及使用条件等有关。

为比较相同系列不同型号电池的内阻，引入比电阻（R_i'）的概念，即单位容量下电池的内阻：

$$R_i' = \frac{R_i}{C} \qquad （1-10）$$

式中：C——电池容量，$A \cdot h$。

（四）电容量

电池电容量的单位为库伦（C）或安时（$A \cdot h$），通常有以下几个术语：

1. 理论容量

理论容量（C_0）是指根据参加电化学反应的活性物质电化当量数计算得到的电量。理论上 1 电化当量物质（等于活性物质的原子量或相对分子质量除以反应中的电子数）将放出 1F 电量，即 96485 C 或 26.8 $A \cdot h$。

$$C_0 = 26.8n\frac{m_0}{M} = \frac{1}{q}m_0 \qquad （1-11）$$

式中：m_0——活性物质完全反应的质量，g；

　　　M——活性物质的摩尔质量，g/mol；

　　　n——电极反应得失电子数；

　　　q——活性物质电化当量。

2. 额定容量

额定容量是指在设计和生产电池时，规定或保证在指定的放电条件下电池应该放出的最低限度的电量。

3. 实际容量

实际容量是指在一定的放电条件下，即在一定的放电电流和温度下，电池放电到终止电压所能放出的电量。

电池的实际容量通常比额定容量大 10% ～ 20%。

电池的放电方式通常有恒电流放电、变电流放电和恒电阻放电等。其实际容量的计算如下。

恒电流放电：

$$C = \int_0^t I \, dt = I \cdot t \qquad （1-12）$$

变电流放电：

$$C = \int_0^t I(t) \, dt \qquad （1-13）$$

恒电阻放电：

$$C = \int_0^t I(t)\mathrm{d}t = \frac{1}{R}\int_0^T V(t)\mathrm{d}t \qquad （1-14）$$

式中：C——放电容量，A·h；

　　　I——放电电流，A；

　　　V——放电电压，V；

　　　R——放电电阻，Q；

　　　t——放电到终止电压的时间，h。

电池容量的大小与正负极上活性物质的数量和活性、电池的结构和制造工艺、电池的放电条件（放电电流、放电温度等）等有关。

为了对不同电池进行比较，引入比容量的概念。比容量是指单位质量或单位体积电池所给出的容量，称质量比容量 C_m（A·h/kg）或体积比容量 C_V（A·h/L）。

$$C_m = \frac{C}{m} \qquad （1-15）$$

$$C_V = \frac{C}{V} \qquad （1-16）$$

式中：m——电池质量，kg；

　　　V——电池体积，L。

（五）能量和比能量

电池的输出能量是指在一定的放电条件下电池所能做的电功，它等于电池的放电容量和电池平均工作电压的乘积，其单位常用瓦时（W·h）表示。

需要注意的是，单体电池和电池组的比能量是不一样的，由于电池组合时总要有连接片、外部容器和内包装层，故电池组的比能量总是小于单体电池的比能量。

（六）功率和比功率

电池的功率是指在一定放电条件下，电池在单位时间内所能输出的能量，单位为瓦（W）或千瓦（kW）。电池的单位质量或单位体积的功率称为电池的比功率。比功率的单位是瓦/千克（W·kg^{-1}）或瓦/立方分米

（W·dm⁻³）。如果一个电池的比功率较大，则表示在单位时间内，单位质量或单位体积电池给出的能量较多，表示此电池能用较大的电流放电。电池的比功率也是评价电池性能优劣的重要指标之一。

三、锂离子电池的特点

锂离子电池具有以下优点。

（1）比能量和能量密度高。锂离子电池的优点为容量大、工作电压高。锂离子电池的容量为同等镍镉蓄电池的两倍，更能适应长时间通信联络；而通常的单体锂离子电池的电压为 3.6 V，是镍镉和镍氢电池的 3 倍。锂离子电池的实际质量比能量可达到 140W·h/kg，体积比能量约为 300 W·h/L，而常用的镍镉电池的质量比能量和体积比能量分别是 40 W·h/kg 和 125 W·h/L，镍氢电池的质量比能量和体积比能量分别是 60 W·h/kg 和 165 W·h/L。

（2）自放电低，荷电保持能力强。当环境温度为（20±5）℃时，锂离子电池在开路状态下储存 30 天后，电池常温放电容量大于额定容量的 85%。

（3）储存和循环寿命长。在优良的环境下，锂离子电池可以储存 5 年以上。此外，动力锂离子电池负极采用最多的是石墨，在充放电过程中，锂离子不断地在正负极材料中脱嵌，避免了 Li 负极内部产生枝晶而引起的损坏。因此，锂离子电池循环使用寿命可以达到 2 000 次。

（4）环境污染低。锂离子电池不含镉、铅和汞等有害物质，对环境污染小。

（5）没有记忆效应。锂离子电池可随时反复充放电使用。这对于战时和紧急情况是非常重要的。

（6）工作温度范围宽。锂离子电池通常在 −20～60 ℃的温度范围内正常工作，但温度变化对其放电容量影响很大。

（7）大倍率性能较好。锂离子电池具有优良的大倍率充放电性能，其高温放电性能优于其他类型电池。

（8）可小型化和做成超薄外形。通常锂离子电池的比能量可达镍镉电池的 2 倍甚至以上，与同容量镍氢电池相比，体积可减小 30%，质量可降低 50%，有利于便携式电子设备小型轻量化。

锂离子电池与镍氢电池、镍镉电池主要性能对比见表 1-1。

表 1-1　锂离子电池与镍氢电池、镍镉电池主要性能比较

性能	锂离子电池	镍氢电池	镍镉电池
工作电压 /V	3.6	1.2	1.2
能量密度 / (W·h/kg)	100～160	65	50
比能量 / (W·h/L)	270～360	65	50
循环寿命 / 次	500～1000	300～700	300～600
自放电率 / (% / 月)	6～9	30～50	25～30
电池容量	高	中	低
高温性能	优	差	良
低温性能	差	优	优
记忆效应	无	无	有
电池重量	轻	重	重

锂离子电池主要具有以下缺点。

（1）锂离子电池的内部阻抗高。因为锂离子电池的电解液为有机溶剂，其电导率比镍镉电池、镍氢电池中的水溶液电解液要低得多，所以，锂离子电池的内部阻抗比镍镉电池、镍氢电池大。

（2）工作电压变化较大。电池放电到额定容量的 80% 左右时，镍镉电池的电压变化很小（约 20%），锂离子电池的电压变化较大（约 40%）。对于用电池供电的设备来说这是较明显的缺点。

（3）成本高。锂离子电池成本高主要是因为正极材料 $LiCoO_2$ 的原材料价格高，目前可采用其他价格便宜的正极材料来替代。

（4）必须由特殊的保护电路防止过充电和过放电。随着锂离子电池的技术逐渐成熟，上述的一些弊端正逐步减少，成本也在持续下降。一些锂离子电池（特别是聚合物类的）使用简化的保护装置就可以工作。由于采用合适的电池工艺技术和新的电池材料，大大提高了锂离子电池的输出功率。

四、锂离子电池的分类

锂离子电池可以根据应用领域制成各种形状，按照外形分，目前市场上的锂离子电池主要有三种类型：纽扣式、方形和圆柱形。电池的外形尺寸、质量是锂离子电池的重要指标之一，直接影响电池的特性。

常见的锂离子电池主要由正极、负极、隔膜、电解液、外壳以及各种绝缘、安全装置组成。

锂离子电池按电解液的状态一般分为液态锂离子电池和固态锂离子电池。液态锂离子电池即为通常所说的锂离子电池；而固态锂离子电池为通常所说的聚合物锂离子电池，是在液态锂离子电池的基础上开发出来的新一代电池，比液态锂离子电池具有更好的安全性能。

聚合物锂离子电池的工作原理与液态锂离子电池相同，主要区别是聚合物锂离子电池的电解液与液态锂离子电池的不同。电池主要的构造同样包括有正极、负极与电解质三项要素。聚合物锂离子电池是在这三种主要构造中至少有一项采用高分子材料作为电池系统的主要组成部分。在目前所开发的聚合物锂离子电池系统中，高分子材料主要被用作正极或电解质。正极材料包括导电高分子聚合物或一般锂离子电池所采用的无机化合物，电解质则可以使用固态或胶态高分子电解质，或是有机电解液。目前锂离子电池使用液体或胶体电解液，因此需要坚固的二次包装来容纳电池中可燃的活性成分，这就增加了其质量，另外也限制了电池尺寸变化的灵活性。聚合物锂离子制备工艺中不会存有多余的电解液，因此它更稳定，也不易因电池的过量充电、碰撞或其他损害以及过量使用而造成危险情况。新一代的聚合物锂离子电池在形状上可做到薄形、任意面积和任意形状，大大提高了电池造型设计的灵活性，从而可以配合产品需求，做成各种形状与容量的电池，这为应用设备开发商在电源解决方案上提供了高度的设计灵活性和适应性，从而可最大限度地优化其产品性能。

五、锂离子电池的制造

锂离子电池在结构上主要有五大部分：正极、负极、电解液、隔膜、外壳与电极引线。锂离子电池的结构主要分卷绕式和层叠式两大类。液态锂离子电池采用卷绕结构，聚合物锂离子电池则两种均有。卷绕式是将正极膜片、隔膜、负极膜片依次放好，卷绕成圆柱形或扁柱形；层叠式则是依正极、隔膜、负极、隔膜、正极这样的方式多层堆叠，然后，将所有正极焊接在一起引出，负极也焊在一起引出。

图1-1为液态锂离子电池的一般制造流程。

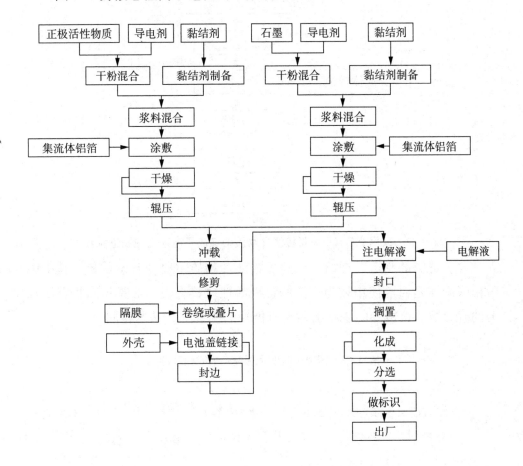

图1-1 液态锂离子电池的一般制造流程

（1）正极的制造。锂离子电池正极活性物质主要有 $LiCoO_2$、$LiNiO_2$ 和 $LiMn_2O_4$ 等，其中 $LiCoO_2$ 是最早用于商品化的锂离子电池的正极活性物质，其可逆性、放电容量、充放电效率、电压的稳定性等性能良好。采用 $LiCoO_2$ 为正极活性物质的锂离子电池正极制造流程如图1-2所示。

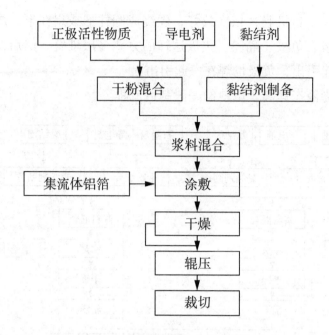

图 1-2　采用 LiCoO$_2$ 为正极活性物质的锂离子电池正极制造流程

（2）负极的制造。锂离子电池负极活性物质主要为碳基材料。其中中间相碳微球是目前使用较为广泛的负极活性材料。表 1-2 是中间相碳微球的性能参数。负极片的制备工艺与正极片的制备工艺基本相同。

表 1-2　锂离子电池负极材料 MCMB 性能

项目	真密度 /（g/cm³）	振实密度 /（g/cm³）	比表面积 /（m²/g）	平均粒径 / gm	比容量 /（mA·h/g） 充电	放电	首次放电效率 /%
控制指标	≥ 2.16	≥ 1.25	0.3 ～ 3.0	6 ～ 25	≥ 330	≥ 300	≥ 90

（3）电池装配。锂离子电池的装配过程一般为：将正负极极片和隔膜卷绕或者叠片制备成电堆，将电堆上的极耳与电池盖上的极柱进行焊接或者铆接，将电堆装入电池壳，在负压下加入定量的电解液，封口。

（4）电池的化成和分选。同其他二次电池类似，锂离子电池在出厂前必须进行化成处理、电性能检测，并根据检测结果分选分类。

对注液后的锂离子电池进行化成处理的目的是通过化成处理在锂离子

电池的极片表面形成致密、稳定的钝化膜（SEI 膜），使锂离子电池的电性能和循环性能稳定。锂离子电池的一般化成条件为：①化成充放电电流：$1/15 \sim 1/20$ C；②化成充放电电压范围：$2.75 \sim 4.20$ V；③化成循环次数：$3 \sim 5$ 周；④化成温度：$25 \sim 40$ ℃。

对化成后的锂离子电池进行分选分类处理，目的是确保电池的品质，并为锂离子电池以后经过串并联组成电池组提供必要的性能参数。

聚合物锂离子电池的生产一般采用 Bellcore 工艺：第一，用聚合物电解质隔膜和其所分隔的两电极膜组成电池堆，采用层压融合形成一个完整的电池体系；第二，采用有机溶剂萃取除去增塑剂；第三，将电池装入塑铝袋干燥（减少压力或升高温度）；第四，通过注射一定量的 Li^+ 盐电解液激活电池；第五，将电池袋热封。这种工艺过程可以确保极片之间良好的界面接触，从而降低接触电阻、增强倍率放电性能、延长循环寿命。

电池的结构、壳体及零部件、电极的外形尺寸及制造工艺、两极物质的配比、电池组装的松紧度对电池的性能都具有不同程度的影响。因此，合理的电池设计、优化的生产工艺过程是保证锂离子电池性能的关键。

第二节　锂离子电池正极材料

正极材料不仅作为电极材料参与电池电化学反应，而且是整个锂离子电池的锂源。迄今为止，研究工作开展最多的锂离子电池正极材料依然为可插锂化合物。理想的正极材料需要具备如下特性：①存在具有较高氧化还原电位且易发生氧化还原反应的过渡金属离子，以保证锂离子电池较高的充放电容量及输出电压；②具有较高的电子及锂离子电导率以保证良好的倍率性能；③具有良好的结构稳定性；④在较大的电压范围内具有较高的化学稳定性和热稳定性；⑤较易制备，环境友好且价格适中。

商业化的负极材料主要有天然石墨和人造石墨（比容量约为 400 mA·h/g）。具有更高比容量的硅碳复合及硅基材料（$1\,000 \sim 4\,000$ mA·h/g）是锂离子负极材料将来的发展目标。当前市场主流正极材料（如 $LiCoO_2$、$LiFePO_4$ 和 $LiMn_2O_4$）实际比容量远不及负极材料的比容量，无法满足高能量及高功率密度锂离子电池的发展要求。因此，进一步提升正极材料的比容量是推动锂离子电池继续向前发展的有力保障。当前在主流材料基础上，人们发展了相关的衍生材料，如高电压型 $LiCoO_2$ 和三元正极材料。通过对其结构进行精细化设计，同时辅以离子掺杂和表面修饰等多种手段提高其在高电压下的结构稳定性以及大温度范围内的热稳定性能。此外，5 V 正极材料的开发也是实现高能量密度正极材料的重要方向。

表 1-3 列出了常见锂离子电池正极材料的电化学性能，涉及的反应机理主要有两大类：两相反应类型以及固溶体反应类型。两相反应类型即锂离子在脱嵌时材料中有新的物相产生，整个电池电压在两相区保持稳定不变，放电后期电压急剧降低，放电曲线由两段呈 L 形的线段组成。典型代表为磷酸盐正极材料。充电时 $LiFePO_4$ 相中锂离子脱出后转变成 $FePO_4$ 新相，而在放电过程中锂离子回到正极与 $FePO_4$ 相结合又形成 $LiFePO_4$ 相。因此，$LiFePO_4$ 充放电曲线在平台区域十分平坦。固溶体反应类型在整个氧化还原反应过程中均无新相生成，正极材料晶体参数有变化但主体结构不发生变化。随着锂离子的不断嵌入，电压逐渐降低，下降曲线较为平缓。

表 1-3 常见锂离子电池正极材料电化学性能

材料	结构	理论容量 / (mA·h/g)	实际容量 / (mA·h/g)	能量密度 / (W·h/kg)	工作电压 /V
$LiCoO_2$	层状	274	190/4.45 V 215/4.55 V	740/4.45 V 840/4.55 V	3.9
$LiFePO_4$	橄榄石	170	160	540	3.4
$LiMn_2O_4$	尖晶石	148	110	410	4.0
$LiNi_{1/3}Co_{1/3}Mn_{1/3}O_2$	层状	275	160/4.3 V 185/4.5 V	610/4.3 V 730/4.5 V	3.8
$LiNi_{0.8}Co_{0.1}Mn_{0.1}O_2$	层状	275	210	800/4.4 V	3.8
$LiNi_{0.8}Co_{0.15}Al_{0.05}O_2$	层状	279	200/4.3 V 210/4.4 V	760/4.3 V 800/4.4 V	3.8
$Li_2MnO_3LiNi_xCo_yMn_zO_2$	层状	—	250/4.6 V	900/4.6 V	3.6

一、层状正极材料

$LiCoO_2$ 在众多层状过渡金属氧化物材料中最先实现商业化应用，其合成方法简单、循环寿命长、工作电压较高、倍率性能优异，是当前应用最为广泛的锂离子电池正极材料。$LiCoO_2$ 具有 α–$NaFeO_2$ 型层状结构，空间点群为 $R\bar{3}$ m，属六方晶系，其中氧原子占据 6c 位置，呈面心立方密堆积排列，锂原子和钴原子则分别位于 3a 和 3b 位置，交替占据氧原子所组成的八面体的空隙位置，各原子层沿 c 轴方向堆叠，形成高度有序的 O–Li–O–Co–O–Li 层状岩盐结构，在［111］晶面方向上呈层状排列。

$LiCoO_2$ 材料的理论比容量可达 274 mA·h/g，但只有近一半锂离子能够可逆脱嵌，在 3.0 ~ 4.2 V 电压下的实际比容量为 140 mA·h/g。钴资源价格昂贵且稀少匮乏，为满足高能量密度锂离子电池的发展需要，大量研究通过提高 $LiCoO_2$ 充电截止电压获取更高的放电比容量，达到提高电池能量密度和降低生产成本的目的。

高电压 $LiCoO_2$ 应用中存在许多在常规电压下未出现的问题，如电解液与活性材料间的剧烈界面反应以及自身在深度脱锂态下的晶体结构转变等。早期的研究集中于寻找高电压下晶体结构变化、热稳定性以及综合电化学性能之间的对应关系，进而探明高电压 $LiCoO_2$ 容量衰减机制以及结构演化历程。

目前，已知的高电压 $LiCoO_2$ 容量衰减原因主要有以下三种：①深度脱锂必然伴随着 O 的析出，材料安全性能变差；②Li^+ 脱出后，Co^{3+} 不断被氧化成 Co^{4+}，高价态的 Co^{4+} 极易加速电解液的分解，进而加剧 Co 的溶出；③贫锂六方相转变成单斜相，产生弹性形变以及颗粒内部微裂纹。

$LiCoO_2$ 在高电压下的晶体结构和界面不稳定性限制了其在高端锂离子电池中的应用。当前，改善其高电压电化学性能的主流方法有电解液添加剂、离子掺杂以及无机材料或电化学活性物质表面包覆。掺杂的意义在于通过在特定位置引入定量的其他元素来改善材料在特殊工况下的结构稳定性以及热稳定性。

研究指出，Mg 掺杂改性后的样品在 4.15 V 左右的一对充放电平台消失，说明 Mg 掺杂能够抑制 $LiCoO_2$ 在此处的相变。此外，首次库仑效率变化不大，这是掺杂使得电化学惰性的 Mg 取代了材料中参与电化学反应的部分 Co，从而造成材料的容量降低，在高电压下尤为明显。因此，从容量方面考虑，掺杂元素的含量不宜过高。

表面修饰则是另一种改善 $LiCoO_2$ 性能的重要手段。能够产业化的包覆物质主要为 Al_2O_3。大多数对表面修饰的报道仅限于少量的实验室尝试，无法扩大生产规模。但是科研工作的不断尝试也持续推动着高电压 $LiCoO_2$ 的不断向前发展。氧化物是一类常见的包覆物质，如 Al_2O_3、MgO、ZrO_2、NiO、ZnO、CuO、La_2O_3、Li_2O 和 TiO_2 等。Al_2O_3 包覆可以改善高电压 $LiCoO_2$ 的综合性能，这一点得到多数研究者的认同。他们认为 Al_2O_3 的作用体现在如下几个方面：①作为物理屏障阻止活性物质与电解液间的接触，抑制表面相变的发生；②包覆层与基体活性物质在表面形成了 Li-Al-Co-O 固溶体，起到了表面保护层的作用；③抑制 Co 元素的溶解。除了氧化物，氟化物和含锂化合物均可被用作 $LiCoO_2$ 的表面包覆物质。单一掺杂或者包覆的效果较为局限，只能解决某一方面的问题，如改性后材料高电压循环稳定性增强，但是其在高温下性能依然不够理想。

基于此，将表面包覆与浅表层掺杂结合来改善 $LiCoO_2$ 在极端工况下的研究相继出现。目前的表面包覆方法包括湿化学法、化学聚合法、喷溅涂覆法、化学气相沉积、脉冲激光沉积、原子层沉积等。水热和溶剂热法是最为典型的湿化学法：以金属草酸盐为原料，采用同步溶剂热锂化联合后续煅烧可制备得到 Li_2ZrO_3 包覆的 $LiCoO_2$ 材料。材料高电压性能改善得益于表面锂离子导体和本体 Zr^{4+} 掺杂协同效应。水热和溶剂热法均在高压力下进行，不同之处在于所采用溶剂的种类。此类方法的缺点在于无法规模化，收率低，原料成本高。有机导电聚合物（聚吡咯、聚苯胺）与无机包覆物相比较，弹性形变大，离子导电性好。除此之外，其还可以有效减少界面极化现象。采用化学聚合方法可在 $LiCoO_2$ 表面包覆一层 PPy，改性后材料在 4.5 V 下循环稳定性提高。化学聚合技术比较完善，分为原位和非原位两种方式。这两种方式均有其固有的优势和缺点。原位方法中未反应完全的前驱体会影响最终产品质量，但是该方法可有效防止基体材料的团聚并保证其均匀分散。采用非原位方法能够实现包覆反应的规模化，缺点则在于包覆层的均一性无法保证。随着先进设备的不断研发，喷溅涂覆法、化学气相沉积、脉冲激光沉积、原子层沉积等一系列方法逐渐被用于 $LiCoO_2$ 材料的表面包覆研究。

单一过渡金属氧化物正极材料均具有较为明显的优缺点：$LiCoO_2$ 合成工艺简单，结构稳定但实际比容量较低；$LiNiO_2$ 和 $LiMnO_2$ 虽然均具有比容量高的优点，但合成困难，结构稳定性差。三元过渡金属氧化物正极材料充分结合上述三种层状嵌锂化合物的优点，具有比容量高、结构稳定性好、热稳定性好和成本较低的优点。三元材料中的钴元素对稳定材料的晶体结构有重要作用，同时能提高材料的离子电导率；镍元素则为三元材料容量的主要贡献者，但含量过高时易与锂发生交错占位，不利于材料电化学性能的发挥；锰元素在材料充放电过程中不参与电化学反应，主要起稳定材料结构的作用，同时能够降低生产成本。

三元正极材料的研究热点主要有两类：① Ni、Mn 等量型，如 $LiNi_{1/3}Co_{1/3}Mn_{1/3}O_2$（NCM111）和 $LiNi_{0.4}Co_{0.2}Mn_{0.4}O_2$（NCM424）；②富镍型，包括 $LiNi_{0.5}Co_{0.2}Mn_{0.3}O_2$（NCM523）、$LiNi_{0.6}Co_{0.2}=Mn_{0.2}O_2$（NCM622）和 $LiNi_{0.8}Co_{0.1}Mn_{0.1}O_2$（NCM811）。

富锂锰基正极材料由两种层状结构材料 $LiMO_2$（M＝Co、Ni、Mn 和 Fe 中的一种或多种）和 Li_2MnO_3 复合而成，其分子式可写成 $xLi_2MnO_3 \cdot (1-x)LiMO_2$。两组均为层状结构，其中 Li_2MnO_3 相中锂部分占据锰层形成 $LiMn_6$ 超晶格结构，同时与 Li^+ 及 O^{2-} 交替堆叠形成 $Li[Li_{1/3}Mn_{2/3}]O_2$ 结构。作为高比容量正极材料，其容量来自 $LiMO_2$ 相和电压高于 4.4 V 时 Li_2MnO_3 相活化的共同贡献。研究表明，Li_2MnO_3 相脱出 Li_2O 后转变成具有锂离子脱嵌活性的 MnO_2，MnO_2 能够有效增强深度脱锂状态下 $LiMO_2$ 结构的稳定性。因此该材料拥有高比容量（250 ～ 300 mA·h/g）的同时，能保持良好的循环稳定性。人们普遍认为，4.4 V 以下富锂材料的容量主要由 $LiMO_2$ 相中 Ni^{2+} 和 Co^{3+} 氧化成 Ni^{4+} 和 Co^{4+} 提供，与传统层状正极材料脱嵌锂机理一致。相关计算及实验发现，此过程中 Li_2MnO_3 相过渡金属层中的锂离子扩散迁移至 $LiMO_2$ 相补充已脱出的锂离子。电压高于 4.5 V 时，惰性 Li_2MnO_3 相中的锂离子与氧离子以 Li_2O 形式继续脱出，此过程还伴随锰向锂层的迁移。

在随后的放电过程中脱出的锂离子无法完全回嵌，Li_2MnO_3 相发生不可逆相变，这也是富锂锰基材料首效过低的症结所在。富锂材料在首次充电过程中晶格氧参与电化学反应，而可逆氧化合物的生成将对该材料放电过程造成深远影响。

富锂锰基材料在 Li_2MnO_3 首次活化过程中发生明显的不可逆晶体结构

变化，该过程较为复杂，过去几十年，人们付出了很多的努力尝试去揭示其中的变化机制。富锂材料的优点在于其较高的容量，但是首效较低、电压衰减成为制约其商业应用的严重障碍。多数研究证明，富锂材料在首次充放电过程中存在高达 100 mA·h/g 的不可逆容量损失，事实上这与较低的首次效率有关。在高电压下，Li_2MnO_3 相锂离子与氧同时脱出，留下的大部分锂与氧空位被过渡金属离子填充，导致放电时脱出的锂离子无法完全回嵌，造成较大的容量损失。此时该部分无法回嵌的锂离子与电解液反应在材料表面形成 SEI 膜。小部分未被填充的氧空位在后续充放电过程中被过渡金属离子填满，这时材料表现出持续的电压衰减。材料复合成为提高首次效率的有效手段，将可脱嵌锂离子材料与富锂材料混合可有效接纳首次放电时无法回嵌进入富锂材料的多余锂离子。

材料复合方法的缺点在于体积能量密度不够理想：只是从首次容量损失机制角度出发来提高首次效率，而不是从导致容量损失最根本原因（氧损失和过渡金属离子迁移）着手解决问题。表面改性是一种降低首次容量损失的常见且有效的方法，其主要作用为增强富锂材料的结构稳定性，有助于材料中保留更多的氧空位。电压衰减是富锂锰基正极材料商业化使用的最大障碍，特指材料在长周期的循环过程中，其工作电压发生明显且持续的下降现象。这将导致电池能量密度降低，并且难以确定电池的充电状态。在长周期循环过程中，富锂材料中存在一个向新相转变的渐进结构变化，一般认为循环过程中形成的新相为类尖晶石相。部分研究指出，引起电压衰减的结构变化最先出现在材料表面，且随着循环进行不断向内核延伸；但也有人认为电压衰减由内部结构变化引起，表面结构变化影响不大。美国阿贡国家实验室针对电压衰减进行了广泛深入的研究，给出了相关反应机理。在充电过程中，部分过渡金属离子迁移进入四面体位置，后续放电至 3.3 V 后金属离子走向存在三种可能：第一种可能是回到原来的位置，循环过程存在磁滞现象；第二种是过渡金属离子被束缚在四面体位置，导致锂离子扩散减缓，阻抗增加，容量降低；第三种可能是迁移到锂层的八面体位点，这将改变局部结构，导致电压衰减。合成方法的选择和参数的控制也可以减小富锂材料的电压衰减。常规共沉淀或者溶胶凝胶方法制备所得富锂材料主要含 $LiMO_2$ 相，颗粒表面 Ni 分布不均匀；相比之下，由水热辅助方法制备的富锂材料主要由 C2/m 结构 Li_2MO_3 相组成，表面氧化性较强的 Ni^{4+} 较少。

虽然最初人们认为电压衰减是由激活富锂材料中的 Li_2MnO_3 成分所需要的高电压引起的，但已有研究证明，富锂材料在 2.0 ~ 4.1 V 电压范围内循环 20 次，每一次电压降约为 0.08 mV，这意味着即使充电电压远低于 Li_2MnO_3 激活阈值，电压衰减也会发生。通常，电压衰减是尖晶石在晶体结构中逐渐积累的结果，部分尖晶石位点的形成是由于富锂材料合成过程中锂缺陷产生的，并且可能位于颗粒表面。另外，在电化学循环过程中部分脱锂 $LiMO_2$ 相中的过渡金属离子迁移到锂位置，也产生尖晶石位点。电压衰减的一个简单分析方法是将循环初期充放电曲线与后续循环充放电曲线进行比较。然而，由于容量的差异以及电极阻抗的影响，这种方法并不准确。充放电曲线标准化可以消除容量差异带来的影响。解决电压衰减问题的方法较多，最为典型的手段是通过离子掺杂改变富锂材料的组成。过渡金属离子的八面体位置稳定，是层状富锂材料相变的重要控制因素，但是由于其形成的哑铃状结构不同，其对材料相变影响较小。通过增加 Ni 含量减少 Li 和 Co 含量来减少氧损失的电压平台是一种有效控制电压衰减的方法，因为富锂材料中 Li_2MnO_3 相比例越大，电压衰减越快。过渡金属层 Li 含量的降低可产生更多的氧空位，反过来阻止过渡金属离子的迁移。

二、尖晶石型正极材料

尖晶石型 $LiMn_2O_4$ 空间点群为 $F\,d\bar{3}\,m$。$LiMn_2O_4$ 晶体结构中的氧原子为面心立方密堆积；锂原子占据四面体 8a 位置，锰原子则占据八面体空隙 16d 位置。晶格结构中八面体 $[MnO_6]$ 通过共边构成 $[Mn_2O_4]$ 骨架，四面体 8a、48f 和八面体 16c 晶格则通过共面相连，形成三维结构的锂离子扩散通道。尖晶石 $LiMn_2O_4$ 中锂离子扩散系数为 10^{-14} ~ 10^{-12} m^2/s。相较于层状 $LiCoO_2$ 和 $LiNiO_2$ 等材料，$LiMn_2O_4$ 成本优势明显，但其理论比容量仅为 148 mA·h/g，实际放电比容量则只有 120 mA·h/g。此外该材料在充放电循环过程中容量衰减较大，高温条件下更甚。当前公认的主要衰减原因为锰溶解、Jahn-Teller 畸变效应以及电解液分解。锰溶解是指 Mn^{3+} 发生歧化反应生成 Mn^{4+} 和可溶性 Mn^{2+}，在高温下 Mn^{2+} 溶解速率加快；当

Mn 平均价态小于 +3.5 时，$LiMn_2O_4$ 晶格结构扭曲发生 Jahn-Teller 畸变，电极极化增大，材料比容量下降加快。

解决 $LiMn_2O_4$ 在高温下容量衰减问题的主要措施有离子掺杂和表面包覆。目前，用于掺杂的金属元素包括 Al、Co、Ga、Cr、La、Ce、Nd、Zn、Ti、Na、Li 等，非金属元素有 Cl、F、Br、S 等。以 Al 元素为例，掺杂后材料中 Mn^{3+} 数量减少，高温循环性能较好，反复充放电过程中产生四方相 $Li_2Mn_2O_4$ 和岩盐相 Li_2MnO_3，导致容量损失。$Li_2Mn_2O_4$ 在高温条件下表现出较少的容量损失和锰溶解量。分析 Mn-O 键电子密度和红外光谱可知，$Li_{1.1}Mn_{1.9}O_4$ 中的 Mn-O 键键能大于常规 $LiMn_2O_4$ 材料。而由尖晶石相与集流体之间传导所导致的容量损失远大于尖晶石相自身结构变化所造成的容量损失。

具有较高工作电压的 $LiNi_{0.5}Mn_{1.5}O_4$ 材料能够提高电池的能量密度，且其良好的循环稳定性及安全性能也符合当前锂离子电池的发展要求，若能找到与之匹配的高电压电解液，该类材料将极具市场应用前景。除了上述常规改性方法，功能隔膜、凝胶电解质、功能黏结剂也被用于改善 $LiMn_2O_4$ 的电化学性能。

三、聚阴离子型正极材料

聚阴离子型正极材料由于含有多面体聚阴离子（XO_m）$^{n-}$（X=P，Si，S 和 W 等）框架结构而表现出优异的循环稳定性、突出的安全性能以及耐过充性能。该类材料共同的缺点在于电导率非常低，无法满足大电流放电需要。常见聚阴离子型正极材料主要包括 $LiMPO_4$（M=Fe 和 Mn）、Li_3V_2（PO_4）$_3$ 和 $LiVPO_4F$。

$LiMPO_4$ 为橄榄石结构，属于正交晶系，空间点群为 Pmnb。氧原子以稍扭曲的六方密堆积方式排列，锂原子与过渡金属原子则交替占据氧原子形成的八面体中心位置，磷原子位于四面体中心位置（4c 位），与周围氧原子形成共角或共边的 PO_4^{3-} 四面体阴离子团。交替排列的［LiO_6］八面体、［MO_6］八面体和［PO_4］四面体组成 $LiMPO_4$ 骨架结构。材料中的锂离子完全脱出并不会造成橄榄石型结构坍塌；充电态下 M^{3+} 氧化能力较弱，基本不与电解液发生氧化还原反应。因此，$LiMPO_4$ 材料拥有良好的耐过充能力和循环稳定性。

金属离子掺杂、表面碳包覆以及颗粒纳米化是当前改善 $LiFePO_4$ 电导率的主要手段。与其他正极材料相比，$LiFePO_4$ 具有更长的循环寿命和更好的安全性能，目前已被广泛应用于规模储能和电动汽车等领域。

$Li_3V_2(PO_4)_3$ 具有 NASICON 型晶体结构，$[PO_4]$ 四面体和 $[VO_6]$ 八面体通过共顶点的方式构成材料主体框架结构。该材料具有菱方和单斜两种晶体结构，单斜结构 $Li_3V_2(PO_4)_3$ 因其较优的锂离子脱嵌特性成为人们的主要研究对象。该材料在电压范围为 $3.0 \sim 4.3$ V 时，脱出 2 个锂离子，对应的理论比容量为 132 mA·h/g，V^{3+} 氧化成为 V^{4+}；而当充电截止，电压升高至 4.8 V 时，晶格结构中 3 个锂离子完全脱出，此时理论放电比容量可达 197 mA·h/g，V^{4+} 进一步被氧化成为 V^{5+}。$Li_3V_2(PO_4)_3$ 中锂离子完全脱出后晶胞体积减小 8.5%，但仍为单斜结构。

氟代磷酸盐材料 $LiVPO_4F$ 充分结合 PO_4^{3-} 离子的诱导效应以及 F 元素强的电负性，有比 $Li_3V2(PO_4)_3$ 材料更高的工作电压。$LiVPO_4F$ 属于三斜晶系，其三维主体框架结构由 $[PO_4]$ 四面体和 $[VO_4F_2]$ 八面体构成，结构中 $[VO_4F_2]$ 八面体通过共用 F 顶点连接。优化条件下合成的 $LiVPO_4F$ 放电比容量为 155 mA·h/g，几乎与其理论容量（156 mA·h/g）一致，循环稳定性和热稳定性较好。

第三节　锂离子电池负极材料

锂离子电池负极作为与正极匹配的关键电极材料，应满足如下主要条件：①有接近金属锂氧化还原电位的嵌锂电位，以确保锂离子电池具有较高的输出电压；②单位体积或单位质量储锂容量高；③具有充足的锂离子及较高的电子导电性；④良好的结构稳定性和化学稳定性；⑤制备工艺简单，易产业化。

目前负极材料根据其与锂离子的反应机理可分为三大类：插入反应型、合金反应型和转化反应型。

一、插入反应型负极材料

插入反应型负极材料典型代表为石墨和钛酸锂（$Li_4Ti_5O_{12}$）。石墨价格低廉，是当前使用最为广泛的锂离子电池负极材料，分为天然石墨和人造石墨两种。石墨晶体中碳原子的 sp^2 杂化形成的层状结构十分适合锂离子脱嵌，其可逆充放电容量为 372 mA·h/g。但由于其高度取向的层状结构，石墨与电解液溶剂间的相容性较差。此外，石墨在工作过程中还会发生锂离子与有机溶剂共嵌，造成石墨层剥落与粉化。$Li_4Ti_5O_{12}$ 是一种高度可逆的零应变负极材料，其理论比容量为 175 mA·h/g，嵌锂电位为 1.55V（相对于 Li/Li^+），高于大部分非质子性电解液还原电位，其表面不产生钝化现象。由于 $Li_4Ti_5O_{12}$ 可逆容量低同时嵌锂电位相对较高，因此其能量密度不够理想。但因其在安全方面的独特优势，$Li_4Ti_5O_{12}$ 在动力型和储能型锂离子电池中有着较为广阔的应用前景。另外，其在使用过程中与电解液反应导致的气胀问题是制约其产业化应用的瓶颈。

二、合金反应型负极材料

可与锂发生合金化反应的元素主要有硅（Si）、锡（Sn）、锑（Sb）等，反应发生电位小于 1 V（相对于 Li/Li^+）。因金属氧化物相对金属来说易于加工，人们对上述元素对应的一些简单及复杂氧化物进行了深入的研究。严格来说，氧化物在电化学反应过程中一般先被金属锂还原成对应金属，再与锂形成合金。

金属氧化物的可逆容量大于对应纯金属，这是因为金属氧化物在充放电过程中形成了无定形或纳米 Li_2O。Li_2O 可缓冲金属氧化物在合金化和脱合金化过程中的巨大体积变化，确保电极始终为统一整体。此外，其还可为锂离子的迁移提供离子导电介质，有助于纳米金属颗粒保持分离状态，防止其团聚。

已有研究指出，金属与锂合金化过程中存在高达 300% 的体积变化，这对要求长循环寿命的电极材料来说无疑是致命的。巨大的体积变化会导致负极电化学粉化，活性物质与集流体之间无法形成良好的电接触，负极材料在长周期循环过程中发生严重的结构粉化和容量衰减。解决上述问题的途径主要有如下四种方式。

（1）金属、金属氧化物颗粒纳米化。此类处理方式的好处在于纳米化颗粒能够适应电化学过程中的体积变化。因为纳米颗粒中存在的原子数量更少，其固有表面积更大，较短的扩散路径更利于锂离子与金属或金属氧化物形成合金，从而生成更稳定的 SEI 膜，同时拥有更好的倍率性能。

（2）与其他金属元素组合。其他金属元素可以为电化学活性或惰性元素，如 Ca、Co、Al、Ti 等。

该方法也可以缓冲主元素与锂合金化过程中的体积变化，在增强复合电导率的同时作为催化剂促进合金化过程。当然，电化学非活性元素的加入会降低可逆容量。因此，通过反复试验优化加入元素的含量十分重要。

（3）合适的初始晶体结构及形态。在不同电流密度下，初始晶体结构对合金反应型负极的长周期循环稳定性起着决定性作用。与含有 SnO_4 四面体的氧化物相比，含有不管是独立存在还是与其他八面体相连的 SnO_6 正八面体的氧化物，都具有较高且十分稳定的容量。

（4）合适的电压范围。人们在锡氧化物研究中发现，合金—脱合金反应的最佳电压范围为 0.005 ~ 0.8 V 或 0.005 ~ 1 V（相对于 Li/Li$^+$）。在更高电压下，SnO_x 生成（$x \leq 1$），而在电压大于 2 V 时，SnO_2 生成。长期循环过程中不仅伴随合金化—脱合金化反应，还伴随着与 Sn+Li$_2$O 的转化反应，使得颗粒体积剧烈变化，这必然会导致负极材料容量衰减。

三、转化反应型负极材料

多数转化反应型负极材料理论容量均高于传统石墨，部分可超过 1000 mA·h/g，其在充放电时伴随着结构改变和巨大的体积变化。转化反应型负极材料包括金属氧化物、金属硫化物、金属磷化物和金属氟化物等。

典型过渡金属氧化物负极转化反应对于金属氧化物而言，其转化反应机理涉及 Li$_2$O 的生成及分解，同时伴随着金属纳米颗粒的氧化还原。通常，Li$_2$O 是电化学惰性的，但由于原位形成的纳米金属粒子有催化作用，Li$_2$O 可以参与电化学循环过程。首次放电反应过程中金属氧化物转化成纳米金属粒子弥散于 Li$_2$O 中，充电时金属氧化物的再生可视为 Li$_2$O 分解的结果。金属氧化物进一步优化需要解决的问题是电压磁滞：充放电间存在的电压差导致的较大的能量损失。此外，首次效率较低以及倍率性能不佳也是亟须解决的问题。纳米化无疑是解决上述问题的首选方法，该方法可缓解体积变化，从而确保良好的循环稳定性。

相较于金属氧化物，金属硫化物电导率高、力学性能和热稳定性好，更多的氧化还原反应赋予其更高的储锂容量。其缺点在于锂离子扩散系数较低。关于纳米化金属硫化物的报道层出不穷，其主要优势包括如下几点：①单位质量下电极与电解液接触面积增加，界面处锂离子通量迅速上升；②离子和电子传输路径显著缩短，物质扩散速率更快；③能够更好地适应转化反应导致的机械应力和结构变形。

金属磷化物作为转化型负极材料的优势在于其平均极化（约 0.4 V）比金属氧化物（约 0.9 V）以及金属硫化物（约 0.7 V）更低。但其较低的首次效率和较差的循环稳定性也是限制其大规模应用的主要因素。尝试在首次放电过程中补锂有望提高其首次效率。与其他相变型负极材料类似，纳米化也是当前金属磷化物负极材料研究的热点。

第四节　纳米结构电极材料

一、锂离子电池隔膜

隔膜是锂离子电池一个很重要的组成部分，它的作用是在电池内部隔离电池的正负极，使电子在电池内部不能自由穿梭，同时能够让电解质溶液中的离子在正负极间自由通过。隔膜的厚度不能太厚也不能太薄，太厚会增大电池内阻，而太薄对电池的机械性能和安全性能不利。锂离子电池隔膜一般是聚烯烃多孔膜，目前，商品化隔膜为聚乙烯、聚丙烯的单层或多层微孔膜。

二、纳米结构电极材料

第一代锂二次电池的正负极材料的粒子尺寸都是微米级甚至是毫米级的。尽管锂二次电池表现出了较高的质量比容量（较高的能量密度），但是其充放电用时较长，致使其倍率性能不佳（功率密度很低）。锂离子在这些微米级和毫米级尺寸的材料内部扩散路径太长，不可避免地限制了其在电极材料中的嵌入和脱嵌速率。因此，虽然开发了大量新型的锂离子电池电极材料，但是电池的大电流充放电性能依然很差。要满足电动汽车及清洁能源存储的发展需要，迫切需要提高锂离子电池的充放电速率。

纳米结构的电极材料具有特殊的尺寸效应，这会对锂离子电池的性能产生重要影响。例如：①纳米结构电极材料锂离子的可逆脱嵌成为可能；②纳米结构电极材料中锂离子的扩散路程大大缩短，同时，电子在其中的传导速率也得到了显著提高；③纳米化后材料的比表面积增大，电极与电解液的接触面积也随之增大，增加了电极材料的反应活性；④材料的尺寸非常小，可以缓解锂离子嵌入过程中产生的结构应力，提高了材料的稳定性。

当然，纳米结构的电极材料也存在一些问题，主要有纳米材料的制备较为复杂，同时有效地控制合成纳米结构材料存在难度，反应活性的增大会导致副反应的增多。

（一）纳米结构金属氧化物电极材料

纳米化的金属氧化物材料表现出了多种特殊的物理与化学性质，特别是 21 世纪初的研究证实，纳米尺寸的过渡金属氧化物 MO（M=Co、Ni、Cu、Fe 等）可以作为锂离子电池负极材料，并表现出优异的储锂性能，这更使得金属氧化物成为锂离子电池电极材料的研究热点。经过十多年的大量的研究，金属氧化物可根据其储锂机制分成三大类。

嵌入反应机制：

$$M_xO_y + zLi^+ + ze^- \rightarrow Li_zM_xO_y \qquad (1-17)$$

V_2O_5 是嵌入反应储锂机制的典型代表，1 mol V_2O_5 最多可嵌入 3 mol 的锂离子，理论比容量可达 442 mAh/g。1 mol V_2O_5 嵌入 3 mol 的锂离子后，形成岩盐型的 $Li_3V_2O_5$ 化合物，该化合物的晶体结构在锂离子含量较低时是不稳定的，部分锂离子不能可逆地脱出，这使其比容量随着循环次数的增加而衰减加快。因此，为了提高 V_2O_5 的储锂性能，需要合成特殊形貌的纳米结构的 V_2O_5 材料，可通过离子掺杂、氧化物以及碳材料包覆等手段来实现。

合金化反应：

$$M_xO_y + 2yLi^+ + 2ye^- \rightarrow xM + yLi_2O \qquad (1-18)$$

$$M + zLi^+ + ze^- \rightarrow Li_zM \qquad (1-19)$$

SnO_2 是金属氧化物材料中合金化反应机制的典型代表。储锂反应分为两个阶段：首先 Li^+ 和 SnO_2 反应生成金属 Sn 和 Li_2O，其次纳米化的金属 Sn 与 Li^+ 反应生成储锂合金 Li_xSn（储锂量最大的为 $Li_{4.4}Sn$ 合金）。此合金化反应是可逆的。SnO_2 材料的理论比容量可达 783 mAh/g，但是合金化反应储锂容易产生严重的体积效应，即体积膨胀，可引起材料容量的迅速衰减。目前，SnO_2 的研究热点在于提高其循环性能和降低不可逆容量。

转化反应：

$$M_xO_y + 2yLi^+ + 2ye^- \rightarrow xM + yLi_2O \qquad （1-20）$$

纳米尺寸 3d 过渡金属氧化物（MO、M 为 Co、Ni、Fe、Cu）作为锂离子电池的负极材料的转化反应机制：在 Li^+ 插入过程中，Li^+ 与 MO 发生氧化还原反应，生成纳米尺寸的金属单质 M 和 Li_2O；在脱锂过程中，Li_2O 与 M 能够可逆生成 Li^+ 和 MO。因此，此类金属氧化物负极材料具有很高的可逆比容量和能量密度。目前，转换电极材料面临着一次充放电库仑效率低、钝化膜不稳定、过电位大及循环性能差等问题。人们发现，设计合理、结构新颖的纳米结构过渡金属氧化物和金属氧化物/碳复合纳米材料能解决转换电极材料循环性能差等问题。

1. 纳米结构 V_2O_5

V_2O_5 是氧化钒系列材料中报道最早、研究最为深入的锂离子电池正极材料，对它的研究始于 20 世纪 70 年代。V_2O_5 是钒的最高价态氧化物，属于正交晶系，Pmmn 空间群，晶格参数 a=1.151 nm，b=0.356 nm，c=0.437 nm。在 V_2O_5 的晶体结构中，V 原子与周围 5 个 O 原子形成 VO_5 四方锥，并通过共顶点和共边的方式连接在一起，构成平行（100）的波状层 V_2O_5，而层与层之间则以较弱的钒氧键互相结合，锂离子可以在这些层间嵌入和脱嵌。

纳米结构因具有较小的粒子尺寸和较大的比表面积，有效地缩短了锂离子和电子的扩散距离，增大了电极材料与电解液的接触面积，同时能够减小电化学循环过程中材料体积变化所带来的结构应力，所以将电极材料制备成纳米结构是提高锂离子电池性能的一种重要手段。

此外，V_2O_5 基纳米复合电极材料也受到了广大研究者的关注。这部分研究主要集中在纯相 V_2O_5 材料的掺杂或复合上，其中包括掺杂金属离子或氧化物以及包覆或掺杂导电活性物质碳材料等。

2. 纳米结构 MoO_2

MoO_2 为畸变的金红石结构，其具有方便 Li^+ 嵌入 / 脱嵌的通道，并且有着电导率高、熔点高、密度大、化学性质稳定等优点，故在 20 世纪 80 年代就被贝尔实验室用来作为锂离子电池的负极。相对于当时的材料，它表现出更好的储锂性能。但在常温下，Li^+ 在大块 MoO_2 中的扩散速率很慢，充放电体积变化大，而且嵌锂反应占主要地位，放电过程中 1 个晶格内仅仅可以嵌入 0.98 个 Li^+，因此比容量低。随着纳米技术的发展，研究表明，将 MoO_2 制成纳米材料时，其可按照转化反应机制嵌锂，嵌锂数量由 1 个变为 4 个，理论比容量可达 838 mAh/g。

MoO_2 嵌锂反应分为两个过程：当放电的电压高于 1.0 V（相对于 Li/Li^+）时，发生的主要是嵌锂反应，在嵌锂过程中，MoO_2 由单斜相转变至正交相，继续嵌锂则又转换成单斜相，生成 $Li_{0.98}MoO_2$。嵌锂反应时其理论比容量为 211 mAh/g。

当电压在 1.0 V 以下时，发生转化反应，由部分 $Li_{0.98}MoO_2$ 继续反应生成 Mo 和 Li_2O。随着充放电次数的增加，MoO_2 不断活化，向无定形结构转变，增加 Li^+ 扩散的动力，整个反应的全部 $Li_{0.98}MoO_2$ 都可以继续嵌锂生成纳米级 Li_2O 和 Mo 单质。因此，只有具有纳米结构的 MoO_2 材料才能按照转化反应进行，发挥其放电比容量高的优点。

3. 纳米结构 V_2O_3

V_2O_3 是氧化钒系列化合物中另一种重要的物质，目前存在的 V_2O_3 的物相主要包括菱方相的 V_2O_3（R）和单斜相的 V_2O_3（M），两者之间可通过可逆的金属—绝缘体相变过程相互转化。此外，中国科技大学的谢毅课题组还通过简单的溶剂热反应制备出了具有体心立方铁锰矿结构的新物相 V_2O_3（C）。

目前为止，关于 V_2O_3 锂离子电池材料的研究比较少，这主要是由于 V_2O_3 的化合价以及作为锂离子电池正极材料的理论比容量均较低，限制了其作为正极材料的应用。作为锂离子电池负极材料时，V_2O_3 具有很高的理论比容量（1 070 mAh/g），故与传统的碳材料（380 mAh/g）相比，V_2O_3 有望成为一种具有开发潜力的新型锂离子电池负极材料。但由于 V_2O_3 材料本身具有导电性差以及处于亚稳相等缺点，所以它很少被用作锂离子电池负极材料。

（二）多级结构金属氧化物材料

多级结构是指由一种或多种低维纳米结构单元构建的有序的、高维度的纳米或微米结构，其特有的空间结构不但保持了纳米材料原有的物理化学特性，更主要的是能克服纳米粒子的高表面活性所带来的易团聚等诸多不利影响，而且这种有序的三维立体结构提供了相对多的活性表面，更有利于离子和电子在其表面的传输，提高了材料的快速充放电能力；同时，这种稳定的三维结构还可以有效减小充放电时活性材料的体积变化，从而增强材料的循环稳定性。

近年来，国内外的科学工作者在多级结构金属氧化物材料方面做了一些有意义的研究工作。例如，新加坡南洋理工大学的楼雄文课题组分别以 V_2O_5 粉末和 VOC_2O_4 为原料，以异丙醇和乙二醇为溶剂，采用无模板溶剂热法合成钒化合物粉末，热处理后成功合成了多级结构 V_2O_5 核壳微球和空心微球材料，其基本构成单元分别为纳米粒子和纳米片。在 2.5 ~ 4.0 V 电压范围内，两种微球电极材料的首次放电比容量分别为 140 mAh/g 和 137 mAh/g，经过 50 次循环后，比容量分别为 140 mAh/g 和 128 mAh/g，可以看出，两种多级结构微球均具有较高的比容量和优异的循环性能。

由于多级结构金属氧化物基材料的研究起步较晚，所以多级结构材料的组成、构建机制、储锂机制和应用等存在着明显的不足和缺陷，主要表现为以下两方面：①组成比较单一，目前氧化物多级结构多由一种低维的结构单元构成，而由两种或两种以上低维结构单元构建成的或由不同氧化物复合的多级结构材料却少有；②反应条件苛刻，构建机制和功能特性不明确，不利于规模化生产与新型功能材料的开发。因此，有关多级结构金属氧化物基材料的基础研究对新型功能材料的开发与应用具有重要的学术意义。

第二章 制备技术和表征方法及其原理

第一节 材料制备技术

一、喷雾干燥技术

喷雾干燥技术是一种兼具物料干燥和样品制备功能的技术手段，由于具有干燥时间短、效率高、生成能力强、产品质量高和易于自动化等优点，已经被广泛应用于食品、医药、化工、饲料和生物等领域。世界上第一台喷雾干燥设备是 20 世纪 30 年代生产的，我国于 20 世纪 50 年代，由吉林染料厂引进苏联的旋转式喷雾干燥机后开始发展。

目前，实验室中常使用的是小型喷雾干燥仪，其装置如图 2-1 所示，由蠕动泵、喷嘴、喷缸、分离器、收集器和尾气处理器等部件组成。其样品制备过程主要包含以下步骤：首先，混合物料经蠕动泵进入喷雾干燥设备；随后到达喷嘴处，在高温下雾化形成细小的雾滴，由于增大了水分蒸发面积，从而达到快速蒸发的目的；由于喷缸和分离器特殊的结构设计，剩余的固体物料能够在气流作用下旋转造粒；最后在收集器中可以收集得到干燥的固体粉末。在材料制备方面，通过调节物料组分和浓度、设备的进样速度、进出口温度、雾化压力、干燥介质流量等参数，可以控制样品的形貌。

在锂离子电池领域，喷雾干燥技术被广泛用于制备各种正负极材料，包括硅/碳负极、金属氧化物、钛酸锂等。

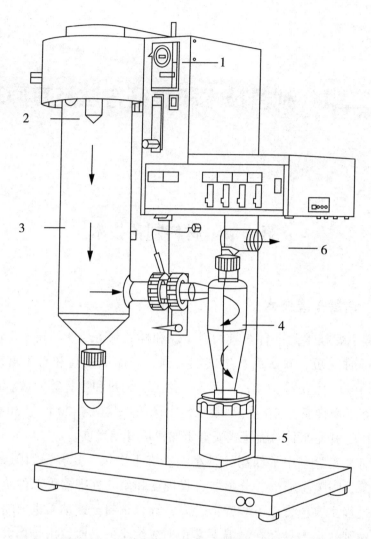

图 2-1　实验室用喷雾干燥仪装置示意图

1—蠕动泵；2—喷嘴；3—喷缸；4—分离器；5—收集器；6—尾气处理器

二、静电纺丝技术

静电纺丝技术是利用高静电力制备纤维的常用技术手段之一。由于制备的纺丝纤维具有均一性好、柔韧性强、孔隙率高、易于调控和便于连续生产等优点，该技术被广泛用于化工、传感器、生物医药和能源电子等领域。其中，注射器作为高分子聚合物溶液供给装置，其在泵的推动作用下，将含有高分子聚合物的溶液送至注射器针尖。高压电源作为高压静电发生器，在针尖和接收器之间产生静电场，使针尖处的聚合物液滴表面产生电荷，并由球形变成圆锥形，即"泰勒锥"。当施加的电场逐渐增强时，聚合物液滴表面静电排斥力会克服表面张力，在"泰勒锥"尖端形成细流射出。在静电场的作用下，喷射出的细流以螺旋线的形式飞向接收器，与此同时，溶剂快速挥发，溶质拉伸细化，最终落到接收器上形成纺丝纤维。通过改变溶液参数（如高分子聚合物相对分子质量、种类、溶液黏度等）、仪器参数（如电压、时间、流速、温度、湿度等）和针尖（如直径、孔形状等）等，可以控制纺丝纤维的种类和形貌。在静电纺丝技术中，常用的高分子聚合物有聚氧化乙烯（PEO）、聚乙烯吡咯烷酮（PVP）、聚丙烯腈（PAN）、聚乙烯醇（PVA）等。在锂离子电池领域，可以利用静电纺丝技术制备各种纤维状的复合材料、自支撑材料和聚合物电解质等。

第二节　材料表征方法及原理

一、扫描电子显微技术及电子能谱

扫描电子显微（SEM）技术是观察物质微观结构的重要手段，是近代广泛应用的技术之一。SEM 技术的工作原理：在加高压作用下，通过多级电磁透镜将电子枪发射的电子汇集产生高能电子束（约 5nm），最终以点的形式照射到测试样品上；当高能电子束在样品表面扫描时，高速运动的电子会和样品的原子核和核外电子相互作用，从而激发产生各种信号。

扫描电子显微镜配备的 X 线能量色散谱（EDS）分析仪可以对试样被激发产生的特征 X 线进行分析，从而对分析试样扫描区域所含化学元素做定性和定量分析。可以分析几个微米的微小区域的成分，且不用标样，分析速度快。对质量分数大于 0.5% 以上的元素，测量结果比较准确；对主要元素测量的相对误差约为 5%。

采用日本日立公司的联用 X 线能量散射分析仪的 Hitachi S-4800 型场发射扫描电子显微镜对样品材料进行颗粒形貌的观察和元素的定性定量分析。对于不同样品采取不同方法制备 SEM 样：对于粉末状样品，需要将其分散到乙醇中，滴加到硅片上，进行观察；对于纤维状样品，无需分散，可直接进行观察；对于对空气敏感的样品，需要在手套箱中将样品贴在特制转移台上，并进行送样观察。为了获得清晰的电镜图，在对样品进行 SEM 观察前一般都会进行喷铂处理。

二、透射电子显微镜技术

透射电子显微镜（TEM）技术也是一种利用电子成像的技术，是观察物质内部微观结构的重要手段，是近代广泛应用的技术之一。TEM 基本构型主要由电子源、照明系统、放大和成像系统以及观察拍照系统四部分组成。TEM 的工作原理与 SEM 类似：在高压下，电子枪中射出的电子束经过系统聚焦后照射在稀薄的试样上（厚度小于 0.1μm），利用不同位置上电子束的透过率不同最终获得试样的截面图像。只是与 SEM 不同，TEM 是通过收集透射电子和散射电子信号用于成像的，且由于电子德布罗意波长很短，TEM 的分辨率比 SEM 高，可达到 0.2nm。

目前，TEM 最小分辨率可达 0.1μm。因此，TEM 的放大倍数可达几万甚至几百万倍，可用于观察样品的精细结构。TEM 主要具有透射像观察、选区电子衍射（SAED）结构分析及纳米区域成分分析（利用 EDS 附件）等功能。

使用 JEM-2100 型 TEM（日本 JEOL 公司）对样品的外观形貌等进行测试表征。制样方法如下：用无水乙醇对样品材料进行超声分散后，滴加在铜网碳支持膜上，待无水乙醇挥发后送入样品室进行观察。

三、X 线光电子能谱分析技术

X 线光电子能谱（XPS）技术是一种表面分析技术，其使用 X 线作为激发光源，基于光电离作用，对样品表层的元素组成、化学价态和分子进行分析。其基本原理如下：用 X 线辐照样品，使材料中各元素原子的价电子或者内层电子受激发射，逃离原子束缚，成为光电子被收集。

利用能量分析仪可以测得光电子的动能，以光电子的动能/束缚能为横坐标，相对强度（脉冲/秒）为纵坐标，可绘制光电子能谱图，分为 XPS 全谱和 XPS 高分辨谱，从而获得试样有关信息。根据爱因斯坦光电发射定律，光电离的过程中，入射光电子的能量分为三部分，即 $hv = E_b + \Phi_s + E_k$。其中，hv 表示入射光电子的能量，E_b 表示电子结合能，Φ_s 表示克服功函数所做的功，E_k 表示电子逸出表面时具有的动能。由于原子和分子不同轨道的电子结合能是一定的，对于特定 X 线激发源和特定原子轨道，其光电子的能量也是特定的，所以 XPS 可以用于鉴定各个原子或分子中的元素种类。当原子所处化学环境发生变化时，其内层电子结合能也会发生相应的变化，导致获得的 XPS 谱峰发生相应的化学位移。一般物质发生氧化作用时失去电子，使内层电子结合能上升；物质发生还原作用时得到电子，使内层电子结合能下降。利用这一特征，XPS 可以用于分析原子的化学状态或键合状态。

XPS 技术可以检测固体材料表面元素组成、价态及分布，也可以先对表面一定纵深方向进行刻蚀，检测体相材料的元素化学价态和分布情况。根据 XPS 能谱图中特征峰的轨道结合能位置，可对材料中含有的各种元素做出定性分析；根据元素光电子轨道结合能位置偏移情况可对材料中元素的化学价态或键合状态做推测分析；根据能谱图中光电子能谱特征峰的相对强度（峰面积相对大小）可对材料中的各种元素做出定量分析。

XPS 谱图一般包括光电子谱线、卫星峰（伴峰）、俄歇电子谱线、自旋—轨道分裂（SOS）、鬼峰等。

（一）光电子谱线

每一种元素都有自己特征性的光电子线，它是元素定性分析的主要依据。谱图中强度最大、峰宽最小、对称性最好的谱峰称为 XPS 的主谱线。

（二）卫星峰（伴峰）

常规 X 线源（Al/Mg $K\alpha_{1,2}$）并非单色，还存在一些能量略高的小伴线（$K\alpha_{3,4,5}$ 和 Kβ 等），所以导致 XPS 中除 $K\alpha_{1,2}$ 激发的主谱外，还有一些小的卫星峰。图 2-2 为 Mg 阳极 X 线激发的 C1s 主峰（$\alpha_{1,2}$）及卫星峰（$\alpha_{3,4,5}$ 和 β）。从图中可以看出，主峰的强度比伴峰要强很多。

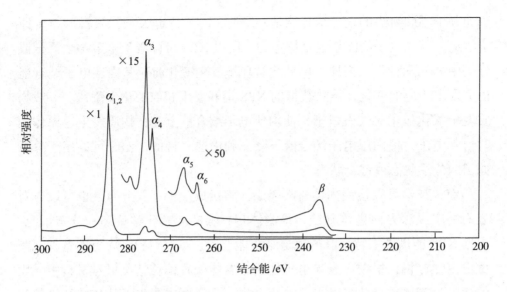

图 2-2　Mg 阳极 X 线激发的 Cls 主峰（$\alpha_{1,2}$）及卫星峰（$\alpha_{3,4,5}$ 和 β）

（三）俄歇电子谱线

电子电离后，芯能级出现空位，弛豫过程中若使另一电子激发成为自由电子，该电子即为俄歇电子。俄歇电子谱线总是伴随着 XPS，但具有比 XPS 更宽、更复杂的结构，多以谱线群的方式出现。俄歇电子谱线的特征：其动能与入射光 hv 无关。

（四）自旋—轨道分裂

电子的轨道运动和自旋运动发生耦合后使轨道能级发生分裂。双峰间距也是判断元素化学状态的一个重要指标。

（五）鬼峰

有时，由于 X 线源的阳极不纯或被污染，产生的 X 线不纯，因此，由非阳极材料 X 线所激发的光电子谱线被称为"鬼峰"。

全谱分析--般用来说明样品中是否存在某种元素。比较极端的是，对于某一化学成分完全未知的样品，可以通过 XPS 全谱分析确定样品中含有哪些元素（H 和 He 除外）。更多的情况下，人们采用已知成分的原料来合成样品，然后通过 XPS 全谱确定样品中到底含有哪些元素；或者对某一已知成分的样品进行某种处理（掺杂或者脱除），然后通过 XPS 全谱分析确定元素组成，最终证实这种处理手段的有效性。

当用 XPS 测量绝缘体或者半导体时，光电子的连续发射得不到电子补充，使得样品表面出现电子亏损，这种现象称为"荷电效应"。荷电效应将使样品表面出现稳定的电势，对电子的逃离有一定的束缚作用。因此，荷电效应将引起能量的位移，使得测量的结合能偏离真实值，造成测试结果的偏差。在用XPS测量绝缘体或者半导体时，需要对荷电效应引起的偏差进行校正（荷电校正的目的），称为"荷电校正"。人们一般采用外来污染碳的C 1s作为基准峰来进行校准。以测量值和参考值（284.8eV）之差作为荷电校正值（Δ）矫正谱中其他元素的结合能。具体操作：①求取荷电校正值，即C单质的标准峰位（一般采用284.8eV）- 实际测得的C单质峰位 = 荷电校正值Δ；②采用荷电校正值对其他谱图进行校正，即将要分析元素的XPS图谱的结合能加上Δ，即得到校正后的峰位（整个过程中XPS谱图强度不变）。以校正后的峰位和强度作图得到的就是校正后的XPS谱图。

高分辨谱定性分析元素的价态主要看两个点：①可以对照标准谱图值（NIST数据库或者文献值）来确定谱线的化合态；②对于p、d、f等具有双峰的谱线（自旋裂分），双峰间距也是判断元素化学状态的一个重要指标。实际上，多数情况下，人们关心的不仅仅是表面某个元素呈几价，更多的是对比处理前后样品表面元素的化学位移变化，通过这种位移的变化说明样品的表面化学状态或者是样品表面元素之间的电子相互作用。通常某种元素失去电子，其结合能会向高场方向偏移；某种元素得到电子，其结合能会向低场方向偏移；对于给定价壳层结构的原子，所有内层电子结合能的位移几乎相同。这种电子的偏移偏向可以给出元素之间电子相互作用的关系。

四、X线衍射分析技术

X线衍射（XRD）是采用X线作为激发光源，基于X线衍射对物质的晶体结构进行分析的技术手段。基本原理如下：在XRD中，利用电子束轰击金属靶材，使其产生特征X线，照射到测试样品上。由于X线波长很短（0.06～20nm），对物质的穿透性很强，因而会与晶体内部原子相互作用，使原子内层电子发生振动，产生散射波。而晶体结构中原子结构的周期性导致产生的散射波相互干涉，从而产生衍射现象。对产生的衍射花样进行分析，即可获得晶体内部原子的分布信息。理论依据主要基于Bragg方程：$2d\sin\theta = n\lambda$。其中，n是整数，d代表衍射级数；λ是入射波波长；

θ是入射波和散射波平面夹角；代表原子晶格内的平面间距。只有当入射角度满足 Bragg 方程时，才能产生强的衍射条纹。其 XRD 谱图与每一种晶体的结构之间都是一一对应的关系，物质中的每种晶体结构都有自己独特的"指纹"特征，且不会因与其他物质混合而变化，该特征 XRD 图谱实质上是该晶体精细微观结构的一种复杂的变换表达。

利用 XRD 可以精确测定物质的晶体结构，对物相做精确的定性、定量分析。具体来说，XRD 具有以下功能：①判断物质是否为晶体，是何种晶体物质，晶型是什么；②定量计算混合物中各种晶体材料的比例；③计算物质的晶胞参数等。④对晶体晶粒尺寸、结晶度进行分析；⑤获得键长、键角、原子的占位情况与占有率等数据。

其具体操作有如下步骤。

（一）物相鉴定

这是 XRD 最基本的作用，通过对比标准库中标准物质的峰位及峰强度，可以对所测材料进行初步的定性，以确定所测材料的名称、化学式等信息。

（二）多相材料定量分析

对于一个材料科研人来说，其做出来的材料往往含有两种或两种以上的物相，对于这种多相材料，在进行物相的鉴定之后，往往还需要知道其中每种物相的含量，通过 XRD 精修就可以准确地计算出每种物相在整个材料中所占的质量分数。

（三）晶胞参数和晶系

已知晶体是由许多质点（包括原子、离子或原子团）在三维空间呈周期性排列形成的固体（长程有序），组成晶体的最小重复单元是单胞，也就是俗称的晶胞。因此，对材料进行研究的本质就是研究晶体的晶胞。晶胞中的几何参数 a、b、c、α、β、γ 称为晶胞参数，由这些晶胞参数可以得到晶胞体积。这些信息是 XRD 精修得到的最常用的信息。比如，向分子筛骨架中引入杂原子，掺杂前后晶胞参数和晶胞体积是否发生改变，是杂原子是否成功进入分子筛骨架的有力判据。空间点阵研究表明，晶体结构中晶体结构周期性与对称性以及原子排列的规律分属七大晶系，每个晶系与晶胞参数都是密切相关的。很多材料在不同条件下晶系会发生改变，比如，二氧化锆就存在立方、四方、单斜三种晶系。通过 XRD 精修确定晶系，可以判断材料是否在某一条件下以某种晶系稳定存在，这对晶系稳定条件的探索十分重要。

（四）晶体晶粒尺寸、结晶度分析

对于纳米材料研究工作者来说，材料的晶粒尺寸往往是决定材料性能的关键因素，通过 XRD 精修，可以准确得到材料的晶粒尺寸，为材料的性能优化指引方向。结晶度体现了晶体生长的完美程度，对于晶体而言，高结晶度往往意味着拥有优越的性能，而无论在学术界还是在工业界，结晶度往往作为材料是否成功制备的一项重要指标，因此，结晶度的计算就显得尤为重要。与过去手动计算相比，XRD 精修可以既快又准地计算出材料的结晶度，十分快捷方便，为科研节省宝贵的时间。

（五）键长、键角、原子的占位情况与占有率等

晶体结构中各个原子之间的键长、键角以及原子的占位情况，影响着晶体的结构。通过 XRD 精修得到这些数据，就可以画出想要的晶体结构三维图，这样材料就可以更加直观地展示在我们的面前。而精确的结构信息、精美的三维结构图都是进行研究所不可缺少的。

五、氮气等温吸脱附分析技术

氮气等温吸脱附分析是表征多孔材料比表面积、孔结构的重要手段。首先，测量材料在不同氮气分压下多层吸附的量，获得氮气等温吸脱附特性曲线。比表面积测量建立在多层吸附的理论基础之上，以 P/P_0 为横轴（取点在 $0.05 \sim 0.35$ 范围内），$P/V\left(P_0-P\right)$ 为纵轴，根据 Brunauer–Emmett–Teller（BET）方程：

$$\frac{P}{V\left(P_0-P\right)}=\frac{1}{V_m \times C}+\frac{C-1}{V_m \times C} \times \frac{P}{P_0} \qquad （2\text{-}1）$$

作图（其中，P 为不同吸附量时液氮的饱和蒸汽压；P_0 为总气压；V 为加入液氮的体积；C 为仪器常数），根据直线斜率和截距求得 V_m 的值，最后根据氮气分子的大小计算得到被测样品的比表面积。同时，可以通过氮气等温吸脱附曲线，应用 BJH 孔径计算模型计算得到孔径、孔体积等相关数据。

在锂硫电池正极材料研究中，针对硫正极本身固有的问题，常采用一

些多孔材料作为固硫基底。而对于判断硫是否进入多孔材料的孔道，进入了多少，除了使用上面介绍的形貌表征技术（SEM、TEM）直接观察，或者通过 XRD 中硫峰的强弱间接判断外，还可以利用氮气等温吸脱附曲线获得的 BET 表面积和 BJH 孔径与孔体积判断。具体步骤如下：首先，测试多孔材料复硫前的氮气等温吸脱附曲线，获得原始的 BET 表面积和 BJH 孔径与孔体积；然后，将多孔材料与硫通过热熔的方法复合，再次测试复合材料的等温吸脱附曲线，获得复合后的 BET 表面积和 BJH 孔径与孔体积；最后，通过观察 BET 表面积和 BJH 孔径与孔体积的变化，判断硫是否进入孔道，结合硫的密度判断有多少硫进入孔道。

六、拉曼光谱分析技术

拉曼光谱是一种散射光谱，它的产生基于光与分子的非弹性碰撞。拉曼光谱分析法是基于印度科学家 C.V. 拉曼发现的拉曼散射效应，对与入射光频率不同的散射光谱进行分析，以得到分子振动、转动方面的信息，并应用于分子结构研究的一种分析方法。当一束单色光照射到物质上时，物质的分子和光子相互作用，可能产生非弹性碰撞和弹性碰撞。其中，弹性碰撞只改变光子的传播方向，不存在能量交换，对应瑞利线；而非弹性碰撞与入射光之间则存在新的能量差，即 Stokes 线与反 Stokes 线，拉曼光谱主要考查的是 Stokes 线。瑞利线的强度只有入射光强度的 10^{-3}，拉曼光谱强度大约只有瑞利线的 10^{-3}。小拉曼光谱与分子的转动能级有关，大拉曼光谱与分子振动 – 转动能级有关。拉曼光谱的理论解释是，入射光子与分子发生非弹性散射，分子吸收频率为 ν_0 的光子，发射 $\nu_0 - \nu_1$ 的光子，同时分子从低能态跃迁到高能态（斯托克斯线）；分子吸收频率为 ν_0 的光子，发射 $\nu_0 + \nu_1$ 的光子，同时分子从高能态跃迁到低能态（反斯托克斯线）。当分子能级的跃迁仅涉及转动能级时，发射的是小拉曼光谱；涉及振动 – 转动能级时，发射的是大拉曼光谱。与分子红外光谱不同，极性分子和非极性分子都能产生拉曼光谱。激光器提供了优质高强度单色光，有力地推动了拉曼散射的研究及其应用。拉曼光谱的应用范围遍及化学、物理学、生物学和医学等各个领域，对于纯定性分析、高度定量分析和测定分子结构都有很大价值。

拉曼效应起源于分子振动（和点阵振动）与转动，因此，从拉曼光谱中可以得到分子振动能级（点阵振动能级）与转动能级结构的知识。用虚的上能级概念可以说明拉曼效应：设散射物分子原来处于声子基态。

拉曼光谱主要用于研究非极性基团与骨架的对称振动。拉曼光谱与红外光谱是相互补充的，分子结构中电荷分布中心对称的化学键，如C—C、S—S、N≡N键等，它们的红外吸收很弱，而拉曼散射却很强，因此，一些使用红外光谱仪无法检测的信息通过拉曼光谱便能很好地表现出来。拉曼光谱的强度与单位面积内照射到的有效分子数有关，因此，材料拉曼特征峰的强度变化可以在一定程度上反映其结构。

七、红外光谱分析技术

红外光谱（IR）是基于分子内部原子间的相对振动或分子转动，确定物质分子结构信息的一种分析方法。基本原理如下：一束具有连续波长的红外线照射到样品上，当某些特定波长的电磁波能量与分子振动或转动能量刚好相同时，会被分子吸收并引起分子从低能级向高能级跃迁。测量不同波长波的辐射强度就可以得到红外光谱。在红外光谱中，使用波长或波数作为横坐标，表示吸收峰的位置；使用透光率或吸光度作为纵坐标，表示吸收峰的强度。利用红外光谱能够对物质分子进行定性和定量分析：①定性分析。由于不同分子中的各种基团（C—H、C—O、C—N、O—H等）的运动都有其固定的振动频率，反映在红外光谱中即为不同的吸收峰位置，从而可对物质进行定性分析，获得官能团等的信息。②定量分析。主要基于朗伯－比尔定量 $A = \varepsilon bc$。其中 A 代表吸光度；b 是溶液层厚度；c 代表吸收物质的浓度；ε 代表吸光摩尔系数——与入射光的波长、物质性质和环境温度等相关的常数。

红外光谱仪的种类：①棱镜和光栅光谱仪。其属于色散型，它的单色器为棱镜或光栅，属单通道测量。②傅立叶变换红外光谱仪。它是非色散型的，其核心部分是一台双光束干涉仪。当仪器中的动镜移动时，经过干涉仪的两束相干光间的光程差改变，探测器测得的光强也随之变化，从而得到干涉图。经过傅立叶变换的数学运算后，就可得到入射光的光谱。这种仪器的优点：①多通道测量，使信噪比提高；②光通量高，提高了仪器的灵敏度；③波数值的精确度可达 $0.01cm^{-1}$；④增加动镜移动距离，可使分辨能力提高；⑤工作波段从可见区延伸到毫米区，可以实现远红外光谱的测定。

红外光谱分析可用于研究分子的结构和化学键，也可以作为表征和鉴别化学物质的方法。红外光谱具有高度特征性，可以采用与标准化合物的红外光谱对比的方法进行分析鉴定。已有几种汇集成册的标准红外光谱集出版，可将这些图谱储存在计算机中，用以对比和检索，进行分析鉴定。可利用化学键的特征波数鉴别化合物的类型，并进行定量测定。由于分子中邻近基团的相互作用，同一基团在不同分子中的特征波数有一定变化范围。此外，在高聚物的构型、构象、力学性质的研究，以及物理、天文、气象、遥感、生物、医学等领域，红外光谱也被广泛应用。在锂硫电池正极材料研究领域，红外光谱主要用来判断一些固硫基底上的官能团及固硫基底是否与硫物种形成 C—S 键等。

第三节　电池组装及电化学性能测试

一、电极制备

制备所得的复合材料除了按如上所述进行基本的物理化学性质表征外，其作为一种电极活性材料，还需要进行电化学性能表征。首先，需要将复合材料制作成电极，其制备过程如下：将复合材料、导电添加剂按照一定的质量比研磨混合均匀，然后加入一定量的黏结剂溶液，再滴加一定量的溶剂，混合搅拌一定时间，分散均匀，制备成有一定黏度的粉体浆料；将上述粉体浆料用涂覆机或手涂的方法涂布在厚度为 $10\mu m$ 的铝箔集流体上或者涂覆在不锈钢网集流体上，涂覆后的电极极片在 $60℃$ 的真空烘箱中干燥过夜以去除溶剂；最后将极片冲压成的圆片称重，用于后续组装电池并进行电化学性能测定。

二、电池组装及拆解

2016- 型或 2032- 型扣式电池的组装方法如图 2-3 所示：首先，自下而上，把制备所得的工作电极片、多孔隔膜依次叠加组合；其次，注入一定量的电解液，正对工作电极放置金属锂片，扣上上盖；最后，用液压封口机对扣式电池进行封口。整个组装过程在充满了氩气的手套箱中完成。扣式电池组装完成后静置过夜，以待进行进一步电化学测试分析。如果不加特别说明，使用的电解液为 1mol/L 全氟甲基磺酰亚胺锂 –1，3– 二氧戊烷：乙二醇二甲醚（1mol/L LiTFSI-DOL：DME）（1/1，V/V），含 1%（质量分数）LiNO$_3$。

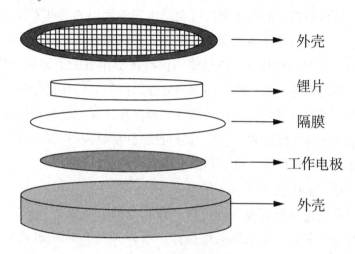

图 2-3　扣式电池结构

　　为了研究充放电后电极的形貌及成分，通常需将电池在手套箱中拆解，拆解过程应注意勿使正负极短路。将拆解下来的电极浸泡在 DME 中一定时间，去除表面吸附的电解质等杂质，自然晾干，由手套箱内取出测试。

三、电池充放电性能测试

　　在恒流充放电测试中，通过在一定充放电电压区间进行恒定的充放电电流交替循环，获得循环计时曲线，即充放电曲线。利用比容量 = 电流 × 时间 / 活性材料质量，可以计算得到不同材料分别在充放电过程中的比容量和比容量变化，了解不同材料在一定条件下的充放电能力、循环性能；此外，可以设置多个充放电电流，进行一定圈数的循环测试，得到循环圈数 – 比容量图，分析材料的倍率性能；最后，综合评价材料的电化学性能。

　　这里采用的电池充放电测试系统为新威充放电测试仪。通过对组装的扣式电池进行恒流充放电循环测试，确定不同电极材料的充放电电压特征曲线、比容量以及倍率特性等电化学性能参数。根据不同实验的具体需要设定电池的充放电电流密度大小、充放电电压上下限等条件。所有电池充放电测试均在室温下进行。

四、循环伏安测试

循环伏安法（CV）是电化学研究中的重要手段，对于电池领域，其是研究电池活性材料发生的电化学反应及其机理的常用的测试手段之一。循环伏安法一般采用三电极体系，即工作电极、参比电极和对电极（电池中参比电极和对电极为同一电极），通过使用仪器在工作电极上施加三角波电位，以固定的扫描速度进行先氧化后还原或先还原后氧化的往复循环，记录工作电极的极化电流随电极电位变化的曲线，即循环伏安图。根据循环伏安图中的氧化还原峰的电流强度和电位位置分析研究电极材料在该电位范围内发生的电化学反应的反应机理，进而判断电极材料的循环可逆性。

根据循环伏安图能获得以下信息：

（1）对应电化学反应发生的电位，即峰电位。

（2）对应的氧化/还原峰的电位差，可以判断其对应的氧化还原反应的可逆性。

（3）峰电流与扫描速度以及对应反应本身的性质的关系。

（4）通过对电极材料在同一扫描速度下得到的多圈循环伏安数据分析可知峰电位的变化，判断材料在循环过程中发生反应的情况，峰电流的变化则可以表征材料的循环稳定性。

（5）利用电极材料在不同扫描速度下得到的循环伏安曲线，根据Randles-Sercik方程可以计算电极材料中锂离子的扩散系数。

此外，循环伏安测试时，扫描速度过快，电位变化快，溶液电阻欧姆极化大，双电层充电电流较大，信噪比下降；扫描速度过慢，由于电流降低，检测灵敏度下降，因此，循环伏安测试应控制合适的电位扫描速度。锂硫电池体系中动力学反应速度较慢，电流响应时间较长，一般采用较慢的扫描速度。

如果没有特别指出，循环伏安测试采用扣式电池体系，扫描区间为1.5～3.0V，扫描速度为0.1mV/s，对电极和参比电极均为金属锂片，工作电极视具体实验不同而不同。

此外，为了研究锂离子扩散系数，进行不同扫速循环伏安实验测试，扫速（v）分别为 0.1mV/s、0.2mV/s、0.3mV/s、0.4mV/s 和 0.5mV/s。然后将峰电流对 1/2 作图，拟合得直线斜率。

由 Randles–Sevcik 方程：

$$i_p = 0.4463 nFAC \left(\frac{nFvD}{RT} \right)^{1/2} \qquad （2-2）$$

可知，锂离子扩散系数 D 与斜率成正比，因此，可以通过比较直线斜率的大小来说明两种材料锂离子扩散系数的大小。

五、电化学交流阻抗测试

电极和溶液相接形成的界面是发生电荷转移反应的场所。测定电流通过界面时得到的有关电方面的信息，可以帮助我们了解界面的物理性质以及反应进行的情况。用电化学方法最容易测定的是电压和电流，而与电压和电流相关联的是阻抗。阻抗包括电阻、电容、电感等。电化学交流阻抗谱（EIS）又称交流阻抗，是一种频域测试方法，可测量得到频率范围很宽的阻抗谱，以研究电极体系。相比其他常规的电化学测量方法，采用 EIS 可获得更多的动力学或界面信息。EIS 测量时采用小幅度交流电压或电流信号扰动体系，避免对体系产生大的影响。EIS 是一种暂态电化学技术，具有测量速度快、对研究对象表面状态干扰小等优点。这是由于在小幅度正弦交流阻抗实验中，电极电位的正弦变化部分的幅度在 10mV 以下，更严格时在 5mV 以下。在这个限制条件下，有些比较复杂的关系可以简化为线性关系，而因电极 Faraday（法拉第）阻抗的非线性出现的干扰，如整流效应和高次谐波的产生，可以基本避免，因此，达到交流平稳状态以后，各种参数都按正弦规律变化。EIS 含 Nyquist 图和 Bode 图，Nyquist 图中高频区出现的是速度快的过程，低频区出现的是速度慢的过程，研究分析不同频率区的子过程，可以得到有关电极过程动力学方面的信息。采用合理的等效电路，可以分析电极体系的界面、扩散阻抗、电荷传递等信息。

在电池中，电解液和电极组成的电化学体系的阻抗包含电解液的阻抗 R_s、界面区间电荷产生的双电层的电容 C_{dl}，以及在发生氧化还原时因电荷迁移和物质的扩散产生的法拉第阻抗。进行交流极化时，还必须考虑由于界面浓度周期性的变化而产生的包含着新的电阻和电容成分的阻抗 Z_w（Warburg 阻抗）。电极反应由界面的电荷迁移过程和物质的扩散等过程组成。体系的法拉第阻抗随电极反应的界面迁移速度的大小变化而变化。因此，通过对界面的阻抗测定，从求出的 R_f 可以知道电极反应的方式（如电极反应的控制步骤是电荷迁移还是物质扩散，或是化学反应）、扩散系数 D、交换电流密度 i_0 以及电子数 n 等有关反应的参数。

利用 EIS 的 Nyquist 图中低频区的直线求扩散系数 D 的步骤如下：

（1）将测得的阻抗数据导入 origin，作出 Nyquist 图。

（2）将横纵坐标范围设置为相等，添加上部和右部坐标，用直线工具沿对角线画一条直线，并拖到与 Warburg 阻抗相切的部位。

（3）利用放大工具局部放大，用 Data Reader 读取数据点，取其中最满足线性的 5 个点。

（4）返回数据表，记录第（3）步中选取的 5 个点的数据，按照 w（角频率）$=2\pi f$（频率），将频率 f 换算为角频率。

（5）将 $w^{-1/2}$ 作为 x 轴，阻抗实部作为 y 轴，画点线图，然后线性拟合，得到相应直线的斜率。

（6）根据 $Z'-\omega^{-1/2}$ 直线的斜率 σ，将其带入公式 $D=R^2T^2/2n^2A^2F^4C^4\sigma^2$，即可求出扩散系数 D。其中，R 是气体常数；T 是热力学温度；A 是电极表面积；n 是每分子中转移的电子数；F 是法拉第常数；σ 是 Warburg 因数（此因数是以 $\omega^{-1/2}-Z'$ 作图后的斜率）；C 是固相中锂离子的浓度（单位 mol/cm³）（一般可通过晶胞体积计算出来）。

EIS 测试在输力强多功能电化学工作站上进行，活性材料电极为工作电极，锂电极为参比和对电极，交流激励信号为 10mV，频率范围为 $10^{-2}\sim10^5$ Hz。

六、恒电流间歇滴定法

锂电池因其相对较高的能量和高功率性成为被研究较多的储能设备之一。在锂电池的充电和放电期间，锂离子从一个电极通过电解质传输到另一个电极。在此过程中，锂离子扩散到块状材料中。因此，了解电极材料的化学扩散系数至关重要。此外，电极材料的热力学性质可以更好地帮助理解其电化学行为。恒电流间歇滴定法（GITT）是一种用于获取热力学和动力学参数的技术，广泛应用于锂电池领域。GITT 最早由 Weppner 和 Huggins 提出。GITT 就是在一定的时间间隔内对体系施加一恒定电流 I，在电流脉冲期间，测定工作电极和参比电极之间的电位随时间的变化。

在典型的 GITT 测量中，使用由金属锂（对电极和参比电极）、电解质和正（工作）极组成的电池。这样，可以获得与正极中存在的活性物质的热力学有关的信息以及扩散系数。GITT 程序由一系列电流脉冲组成，每个电流脉冲后接一个弛豫时间，弛豫时没有电流流过电池。充电时电流为正，放电时电流为负。

在正电流脉冲期间，电池电势迅速增加到与 iR 降成比例的值，其中 R 是未补偿电阻 R_{un} 和电荷转移电阻 R_{ct} 的总和。然后，由于恒电流充电脉冲，电势缓慢增加，以保持恒定的浓度梯度。当电流脉冲被中断时，即在弛豫时间内，电极中的成分倾向通过锂离子扩散而变得均匀。因此，电势首先突然下降到与 iR 成比例的值，然后缓慢下降，直到电极再次处于平衡状态（当 dE/dt 趋于 0 时）并且达到电池的开路电势。然后，再次施加恒电流脉冲，随后中断电流。重复此充电脉冲序列和松弛时间，直到电池充满电为止。在负电流脉冲期间，相反的情况成立。

可以使用以下公式在每个步骤中计算化学扩散系数：

$$D = \frac{4}{\pi} \left(\frac{iV_m}{Z_A FS} \right)^2 \left(\frac{\dfrac{dE}{d\delta}}{\dfrac{dE}{d\sqrt{t}}} \right)^2 \tag{2-3}$$

式中：i——电流，A；

　　　V_m——电极材料的摩尔体积，cm³/mol；

　　　Z_A——电荷数；

　　　F——法拉第常数（96485C/mol）；

　　　S——电极／电解质接触面积，cm²；

　　　δ——锂离子的嵌入量；

$\dfrac{\mathrm{d}E}{\mathrm{d}\delta}$——电量滴定曲线的斜率，通过绘制每个库仑滴定步骤之后测得的稳态电压 E（V）得出；

$\dfrac{\mathrm{d}E}{\mathrm{d}\sqrt{t}}$——持续时间 t（s）的电流脉冲期间电势 E（V）的线性化图的斜率。

如果在较短的时间间隔内施加足够的小电流，则在该步骤涉及的组成范围内，$\dfrac{\mathrm{d}E}{\mathrm{d}\sqrt{t}}$ 可以被认为是线性的，并且库仑滴定曲线也可以被认为是线性的，式（2-3）可以简化为

$$D = \frac{4}{\pi \tau}\left(\frac{n_m V_m}{S}\right)^2 \left(\frac{\Delta E_s}{\Delta E_t}\right)^2 \qquad (2\text{-}4)$$

式中：τ——电流脉冲的持续时间，s；

$\quad n_m$——摩尔数，mol；

$\quad V_m$——电极材料的摩尔体积，cm³/mol；

$\quad S$——电极 / 电解质接触面积，cm²；

$\quad \Delta E_s$——由电流脉冲引起的稳态电压变化；

$\quad \Delta E_t$——在恒定电流脉冲期间的电压变化，以消除 iR 降。

为了使 GITT 步骤更加清晰，只显示前两个充电脉冲，对其进行详细分析处理。在此，假设电流非常小，以至于 $\dfrac{\mathrm{d}E}{\mathrm{d}\delta}$ 和 $\dfrac{\mathrm{d}E}{\mathrm{d}\sqrt{t}}$ 成立，可以采用式（2-4）。首先，可以注意到，电势在 3.625 ～ 3.638V 的范围内增加，可以计算出 ΔE_t 值。其次，经过 10min 的松弛步骤，可以注意到由于 iR 降导致电势先突然下降，然后缓慢降低。在弛豫时间之后，电势突然增加。再次，由于电池的 iR 降，再施加 10min 的恒电流电位步骤。在这里，可以更好地注意到 3.64 ～ 3.645V 的线性区域。在 iR 降之后为松弛步骤，可以计算 ΔE_s 值；最后，根据式（2-2）可以计算出锂离子扩散系数。

需要注意的是，如果使用商用锂离子电池，将无法区分正极和负极对整体化学扩散的贡献。此外，若要完成式（2-3）和式（2-4）的计算，还

缺少诸如摩尔体积V_m和表面积S等数值。GITT 程序通常在活性材料电极制成电池的研究中使用，该材料将成为正极，金属锂作为负极，加上电解质构成测试电池。在实验条件允许的情况下，最好使用三电极结构，并用小的金属锂屑作为参比电极。

第三章　锂离子电池材料规模化生产技术

第一节　生产线自动控制系统的设计

根据工程规模的大小和生产现场的状况，选择和设计正极材料自动化生产线的结构形式。计算机技术和可编程控制器（PLC）技术的发展，将会更加深入地介入生产线的自动化中，提升生产线的自动化水平。新的故障自诊断和远程监控已经应用于生产线的自控，目前这个技术的软件和硬件都已经商品化，因此，它们的应用将会越来越成熟和方便。

一、工艺流程图的设计

工艺流程设计是在确定原料供给路线和工艺技术路线的基础上进行的。工艺流程设计涉及生产线结构的各个方面，而各个方面的变化又反过来影响工艺流程的设计，因此，工艺流程设计开始最早，又结束最晚。

产品生产工艺确定后，为了对整个生产工艺做出更为详尽的描述，就必须绘制工艺流程图。工艺流程设计是生产线设计方案中规定的原则和主导思想的具体体现，是下一步工艺设计和其他各个专业设计的基础，也决定了之后工艺设计和其他各个专业设计的内容和条件。生产工艺流程设计是一项非常复杂而细致的工作，每一步设计都要经过反复推敲，精心安排协调，不断修改和完善才能完成。

工艺流程图包含整条生产线的主要信息、操作条件（温度、压力、流量）、物流点的性质、物料流量的操作条件、设备的设计计算主要指标、主要控制点及控制方案等。

工艺流程图一般分为三个阶段进行绘制。现以两种物料的配料方案为例，分别画出三个设计阶段的工艺流程图。以 A、B 两种物料用真空上料，减量秤按比例配料混合的方案为例，分别画出在三种不同设计阶段的工艺流程图。

第一阶段是工艺方案流程图（PFD）的绘制。它的绘制依据是生产线可行性报告中提出的工艺路线，主要是用于工艺技术问题上需要定性地表示出从原料转化为成品的变化过程、流向顺序以及加工处理过程和设备。用示意图表示生产过程中所使用的机器设备，并用文字、字母和数字标写机器设备的名称和位号，再用工艺流程线及文字将上述机器设备串联起来，指出原料到成品或半成品的工艺流程，必要时加文字、注释。

第二阶段是绘制物料流程图。在完成第一阶段工艺方案流程图的基础上进行物料衡算，以图形和表格相结合的形式反映设计计算的某些结果。在原图各设备位号名称的下方标注该设备的外形尺寸、特性数据或参数，如储罐的容积、机器的型号和产能等。列表注明各物料变化前后的组合名称、流量或质量等物理参数，物料经过设备后还需标注物料的变化情况，如若干种原料在配料秤中配比的用量和比例值等。

第三阶段是绘制施工流程图，即带控制点的工艺流程图（PID）。PID是在完成工艺流程图和 PFD 的基础上绘制的，这是一种内容更为详尽的工艺流程图。PID 是由工艺管道安装和自控专业共同来完成的。PID 的初始版所绘制的图样往往只对过程中主要和关联设备进行详细的设计，对次要设备及次要的仪表控制点则考虑得比较粗略，随着设计阶段的深入，不断完善深化，多次修改和分阶段分别发表。PID 各个版次的发表表明了工程设计的进展情况，并为工艺、自控、设备、电气、通信、配管、公共工程、给排水等专业提供相应阶段的设计信息。因此，可以说 PID 是基础设计和详细设计中的主要成品。MD 综合反映了工艺流程设计、设备设计、设备和管道布置设计、自控仪表设计的综合成果。

PID 的主要内容应有：

（1）表示出所有设备、机械、驱动机电以及辅助机械和设备，并进行标注。

（2）表示出所有工艺、公共工程、辅助物料管道（如吹扫、置换、再生、液体制备等），对这些管道内的物料、物料代号、管道直径、管道等级、流量情况加以标注。

（3）表示出所有的检测与控制仪表，并加注功能标识和编号。

（4）表示出所有的阀门，不同的阀门以不同的图形表示，还需标注出特殊的管件和特殊用途的阀件，如安全阀、疏水阀、阻火器、爆破器等。

（5）表示出关键设备的特征尺寸，尤其是关键设备、关键管道、仪表、阀门的特定布置及使用要求。

（6）表示出成套设备的供货范围，设计单位分工范围等。在 PID 的首页上还要用文字或列表表示 PID 中各类设备的图形符号、线形符号所表示的含义。

PID 的画法和标注方法有比较详细的规定，如图幅、图线、字体、视图配置、图形等。有了明确的画法和标注规定，工艺流程图便有了统一的表达形式，这样有利于阅读、技术交流和设计施工。所以对于生产流程控制的设计人员来说，流程图画法和标注规定是必须掌握的。

二、系统的总体设计考虑

工艺流程图的设计与自控系统的总体设计构思是同步进行的，且自控系统的总体设计构思必然要考虑满足工艺流程的规模和要求。生产过程中工艺流程、配方处理和保护、设备控制和连锁、动态器件的协调和跟踪、数据和信息的采集和处理、报表的生成等流程都是有严格要求的。在锂离子电池正极材料高温固相合成法生产流程中，大部分环节仍是按间歇式的顺序控制的，每一个工艺步骤的转移条件往往取决于时间和被控对象的状态。因此，锂离子电池正极材料高温固相合成法生产线多采用 PLC 作为前端控制器，以工业计算机（IPC）作为主控制器和操作站，结合现场总线将底层许多生产设备联系起来，再用工业以太网将上下控制层面贯通。这样的组合可以使整条生产线的自动控制系统在数据采集和处理、人机界面接口、屏幕显示、软硬件支持等方面保证稳定可靠，能应对各项控制和管理要求。随着信息技术的发展，工业以太网更趋完善，底层设备的信息和数据的采集后上传、控制命令下达、控制参数的远程修改也可以由工业以太网去完成。由于工业以太网的开放性和通用性远比现场总线强，而且布线简单方便，所以工业以太网作为通信手段，它的作用会越来越完善。

三、工业控制网络

粉体工程自控系统一般是根据生产规模来确定采用分散控制还是集中控制的。在锂离子电池生产行业起步时，由于生产量少，所以规模都比较小，生产设备也很简单，各个环节之间的许多连接还是依靠人工来完成。随着锂离子电池生产量越来越大，传统的人工控制已满足不了生产的需求。当前锂离子电池正极材料和负极材料的产量规模扩大，生产设备更是日益先进，管理水平不断提高，因此，对数据采集和自动控制也提出了越来越高的要求。

锂离子电池正极材料和负极材料真正达到量产的生产方法是固相高温合成法。这种生产方法仍与传统的粉体配混料、烧结、粉磨和包装工序相一致或接近。目前的生产企业有的规模非常大，也有的属于中小规模，如何选择合适的控制系统应根据实际需求确定。对于较大规模的企业，对模拟量和控制回路较多的工程可以选用集散控制系统（DCS），这是新型的计算机控制系统。电脑承载整个系统的逻辑运算，有很强的顺序控制功能，而且 DCS 在整体设计上有大量可扩展的接口，外接一个系统或扩展一个系统都十分方便。当某个方案发生变化时，工程师只需在工程师站上将更改过的方案编译后执行下装命令即可，下装的过程由系统自动完成，不影响原有的控制方案。由于采用了双冗余控制系统，当重要的工作单元出现故障时都有相关的冗余单元实现无扰动切换成为工作单元，保证了系统的安全。因此，这对于大的企业自动控制比较有用。中小型企业，尤其是在其技术改造项目中，大量使用逻辑控制或顺序控制，那么采用分散控制方式比较方便，PLC 控制应当成为首选。PLC 本身是一种控制装置，它只实现本单元所具备的控制功能，所以大量应用在各个专用的控制设备中，通用性很强。随着科技的发展，控制功能日趋完善和先进，新的功能更强大的 PLC 和系统日新月异，DCS 与 PLC 之间的功能相互渗透，新的 DCS 也有了很强的顺序控制功能。新型的 PLC 在处理闭环控制方面的性能已有了很大提升，而且无论在控制方面还是在网络通信方面也都能做到冗余。

一个小型生产线或一个生产车间总是由若干台设备联系起来组成一个工艺段，把多个设备控制器中的 PLC 集中在一起一般都是利用通信软件或组态软件进行集中监控和管理的。对于再稍大的生产线，如果它的设备比较分散又相对独立，那么可以采用现场总线控制系统（FCS）。FCS 是由现场智能仪表和 PLC 组成控制系统，各个设备的 PLC 独立进行专职的逻辑运算，然后各 PLC 通过现场总线进行联络通信，同时通过现场总线与上位计算机进行通信。各个子设备有各自的 PLC，各司其职、各行其是，互不干扰，各自达到自己的目标。现场总线使各个设备及信号相互关联，并由上位机进行组态、监控与协调，因此，这种控制结构的优点自然是针对性强，信息传递效率高、协调性好。如果要求更高一些，如对过程数据不断采集和积累、加工、显示和记录，则可采用数据采集和监控控制（SCADA）系统，这样的系统，其功能已经可与 DCS 媲美了。

四、现场总线和工业以太网

计算机技术和通信技术相结合产生了网络技术，两者再与控制技术相结合产生了现场总线技术。现场总线是连接智能现场设备和自动化系统的数字式、双向传输、多分支结构的通信网络。它主要解决现场被控装置或设备之间的数字通信问题、现场设备与上级计算机监控系统之间的通信问题。由于现场总线有强大的通信功能，现场设备可以实现智能化，除提供控制信息外，还可提供大量的非控制信息。而控制器本身又可从现场设备中获取大量的信息和数据后，实现设备状态、故障、信息传送，进行远程控制、参数数字化、故障诊断等工作。现场总线最早是由世界上一些大的工业控制公司开发的，比较有名的有西门子公司的 profibus-DP，三菱公司的 CC-Link 和欧姆龙公司的 Modbus 等。它们采用不同的标准和接口，因此，要求挂在现场总线上的底层智能设备都具备相同的标准和接口。但是这一要求给使用者带来了许多不便和限制，制约了系统的应用和维护。有些现场总线技术上比较复杂，开发难度较大，而生产线上许多智能设备来源于不同的供应商，为了适应某一种现场总线，就需要专门开发合适的接口和软件，这不但增加了难度，而且使制造成本也增加了，可靠性也不易保证。

以太网技术最初是为办公自动化设计的。近年来由于技术进步，以太网的通信速率一再提高，交换式技术发展又使以太网的确定性大大提高，以太网与 TCP/IP 组合发展形成了工业以太网。工业以太网具有很高的带宽和响应时间，而且工业以太网采用单一的协议，其良好的互联性和可扩展性使其成为真正的开放式网络。

近年来，工业以太网的发展充分吸收了现场总线的技术，但又比现场总线简单，又易于进行技术开发，使得应用难度大大降低。此外，智能仪表的开发和制造水平也大大提高，增加了工业以太网的接口和软件，甚至比开发专用的现场总线接口和软件更加方便和可靠。比如，西门子 PROFINET 通信是由 PROFIBUS 国际组织（PI）推出的全新一代基于工业以太网技术的自动化总线标准。作为一项战略性的技术创新，PROFINET 为自动化通信领域提供了一个完整的网络解决方案，囊括了如实时以太网、运动控制、分布式自动化、故障安全以及网络安全等自动化领域功能。并且，作为跨供应商的技术，它可以完全兼容工业以太网和现有的现场总线（如 PROFIBUS）技术，保护现有投资。其最突出的特点是它的实时性。从过程自动化到工厂自动化再到运动控制，它的实时性可以满足各种各样的应用需求。PROFIBUS 也可以实现上述功能，不过在实时性较高的场合特别是在运动控制中，其性能与 PFOFINET 无法相比，不具有像 PROFINET 一样最小实时周期为 250μs、抖动小于 1ps 的精度。而且 PROFINET 成功地实现了工业以太网和实时以太网技术的统一，使得工业以太网技术向底层现场级控制的延伸成为可能，利用工业网络交换机很容易组成星形、树形、环形等适合现场统一的网络架构，真正实现了一网到底，为企业的信息化提供了坚实的通信平台，大大地提高了工厂的生产率。因此，在不远的将来，很可能由工业以太网取代现场总线，构成一个可靠稳定的工业控制网络。

目前，国内许多自动化生产线还是常用工业以太网将计算机、PLC 和现场总线结合监控软件通过浏览器网页实现对生产线上设备的加载、组态、监控和维护。

目前，锂离子电池正极或负极材料生产线的自动化工程大部分还是采用 PLC 控制。较大一点的生产线则采用工业控制计算机、PLC、现场智能仪表和传感器通过网络技术组成一个工业控制网络。这个工业控制网络的核心便是将工业以太网融入现场总线技术，使用数字通信技术来达到设备通信及控制的要求。

五、监控软件画面制作与操作

随着计算机监控系统日益完善，计算机控制应用软件也在蓬勃发展。

目前的应用软件大约有如下三种：一是图形监控软件，主要功能是画面显示及操作，如可编程的人机界面、混合控制记录器、历史数据库、实时数据库、硬件诊断、网络诊断等。二是编程组态软件。这部分主要是指实时数据库组态控制算法组态、工程管理组态、图形画法组态、历史记录组态、报表组态、报整组态等。三是多平台实时控制软件。这部分主要是指实时操作系统信号采集、数据转换、控制运算、数据通信、故障诊断、在线调试及冗余系统切换等。

所谓组态，就是利用组态软件提供的工具、方法去完成工程中的某一具体任务的设定和配置。确定组态的参数和用户程序工作是在上位机（编程计算机）里完成的。在组态软件中完成的各个组态参数和用户程序均以文件的形式保存在编程计算机中，再将这些组态下载到 PLC 中，从而实现对各种设备的控制。同时，在计算机中可通过组态软件监控 PLC 中程序的运行和各种变量的状况。

计算机上监控画面或触摸屏上画面的设计一般要求针对它所监控的工艺段分别设计若干幅运行画面，在这些画面上除了显示各设备运行状态外，还需在重要设备图形的附近恰当的位置，显示出该设备的运行参数、设定参数及报警门限。此外，也可根据实际情况分别设计各种表格和曲线。例如，窑炉控制系统中设置专门的各区段的温控参数表、温度曲线图形，称重配料控制系统中设置配方功能表，产能画面中要求有能耗显示、当班产量记录、报警查询表、历史记录表以及用于操作的输入口令和退出登录记录。

六、监控软件的功能与作用

监控软件主要有以下功能与作用。

（一）实时性与多任务

例如，数据采集与处理、显示与输出、存储与检索、人机对话与实时通信等多个任务要在同一台计算机上进行。

（二）可靠性与系统冗余

各组态软件都提供了一套比较完善的安全机制，如界面上所有可操作的东西都具有安全级别和操作权限，防止误操作和非法操作。组态软件都具有故障诊断和处理功能，一些组态软件还具有热备体系，以支持网络冗余。

（三）通用化与行业化

在开发通用版本的同时，各企业也十分注重根据不同行业的特点开发不同领域的专业版本，如石油版、电力版、嵌入式系统版等。

（四）标准通信与接口开放

采用标准通信技术与外部设备接口，如 ODBC、OPC、DDE 等数据交换技术。

（五）可扩展性与二次开发

当用户的企业发展壮大，原有的计算机控制规模需要扩大时，组态软件具有方便的、搭接积木一样灵活的扩展能力。

（六）网络控制与远程控制

目前的组态软件已不局限于早期的单机版，具有网络控制功能的组态软件可以连接成对等网，也可以连接成服务器 / 客户机的结构。

七、监控画面制作的一般步骤

监控画面制作的一般步骤有以下几个：

（1）建立一个空工程，将所有 I/O 点的参数收集齐全，并填写表格，以备在监控组态软件和 PLC 上组态时使用。

（2）定义外部设备，设置 I/O 设备的生产商、种类、型号、使用的通信接口类型、采用的通信协议。

（3）建立数据词典，将所有 I/O 点地址添加至数据词典。在大多数情况下 I/O 标识是 I/O 点的地址或设备位号名称。

（4）制作车间画面，根据工艺过程绘制、设计画面结构和画面草图。

（5）进行动画连接，将操作画面中的图形对象与实时数据库变量建立动画连接关系，规定动画属性。

（6）视用户需求，制作历史趋势、报警显示以及开发报表系统。之后，还需加上安全权限设置。

（7）对组态内容进行分段和总体调试，视调试情况对软件进行相应修改。

（8）将全部内容调试完成以后，对上位软件进行最后完善（如加上开机自动打开监控画面、禁止从监控画面推出等），让系统正式或试运行。

八、常用报表编制方法

报表组态功能包括实时数据报表和历史数据报表两大类。实时数据报表是将计算机采集到的现场数据，分类进行报表显示，使值班人员随时掌握生产现场的动态。历史数据报表记录了以往的生产记录数据，还具有分时间段的查询和打印功能，既能反映系统生产情况，又能对长期的生产过程数据进行统计、分析，使管理人员能够掌握和分析生产过程的情况。

下面介绍实时报表和历史报表建立的一般步骤。

（一）实时报表创建步骤

（1）建立数据变量。

（2）建立实时报表画面。

（3）在画面中添加实时报表控件。

（4）连接数据变量。

（5）添加报表查询、打印、导出功能按钮。

（二）历史报表创建步骤

（1）建立数据变量。

（2）建立历史报表画面。

（3）建立数据库文件（ACCESS）。

（4）建立 ODBC 数据源，连接至 ACCESS 数据库文件。

（5）建立、运行脚本程序，输入数据记录函数。

（6）在画面中添加历史报表控件。

（7）设置控件属性，连接至 ACCESS 数据库。

（8）添加报表查询、打印、导出功能按钮。

九、自动化生产的远程监控和诊断

随着科技的进步，产业不断升级，制造设备所占成本比重越来越高。一旦设备发生故障和失效问题，将给企业带来不可估量的损失。因此，维持设备正常运作、快速排除故障成为目前制造企业生产管理的重中之重。为保证生产设备的正常运转，工厂与设备供应商通常都配有规模庞大的专业维护队伍。设备维护耗资巨大，见效缓慢。当前设备采购正日趋国际化、分散化，传统的故障发生后的"奔赴现场"模式，更显其缺乏时效性，也很不经济。设备远程监控与诊断维护技术的出现为上述问题的解决提供了有效帮助，成为现代先进制造技术与系统的一个重要环节，也成为当今设备诊断技术的研究热点。

（一）设备远程监控与诊断维护技术的结构与功能

1.设备远程监控与诊断维护技术的结构

设备远程监控与诊断维护技术是利用本地计算机通过网络系统对远端设备进行监视和控制，完成对分散控制网络的状态监控及设备的诊断维护等功能的技术。它是传统的监控、故障诊断技术与计算机技术、网络技术及其他现代通信技术相结合的一种新型诊断技术。设备远程监控是指设备供应商和专家通过网络技术，对设备和产品的性能状态进行异地远程的全天候监测、预测和评估，并按需调整维护计划，以防止它们因故障而失效，力争设备高质运行，实现安全"零故障"。设备远程诊断维护技术是指在现场设备发生故障或出现故障征兆，现场的维护人员难以对其做出诊断和维修时，通过网络与远端故障诊断中心建立连接，由远端诊断中心的设备专家和诊断系统对其进行诊断，在短时间内调动入网的所有资源，实现对设备故障的及时诊断与维修。

2.设备远程监控与诊断维护技术各组成部分的功能

（1）数据采集单元。数据采集单元主要完成设备运行的稳态和动态数据的采集，在设备远程故障诊断系统中，要实现设备的在线监测、实时监控、在线调整等，必须有现场设备数据采集模块的支持。数据采集工作由各种各样的采集装置完成，如各种信号和反馈传感器、执行器和 PLC 等。通过一定的数据采集装置，可以获取设备的运行状态信息（运动和位置状态、控制参数以及温度和压力等）。同时，数据采集单元也完成一些基本的信号处理工作，如交直分离、信号滤波和放大、A/D 转换（模/数转换）、采样控制、信号预处理（异常值处理及标定）等，以完成信号采集的基本功能。由数据采集单元输出的数据是判断系统是否正常运行的基本原始数据，也是故障发生时进行故障分析、判断和定位的主要依据。

（2）实时状态监控单元。实时状态监控单元主要具有实时监视、数据管理和故障预报的功能。实时监视功能是指利用一定的监视装置对设备运行情况加以跟踪，如通过在现场安装摄像头对现场关键设备和工位的运行状态进行实时采集。监视的结果是采集到的各种声、像、图数据，这些数据是远程监控和远程故障诊断的重要原始资料。数据管理功能是指将数据采集处理单元采集到的设备运行状态信息和监视装置采集到的各种声、像、图数据写入设备运行状态数据库，并进行动态分析和管理。故障预报的主要功能是利用特定的算法对采集到的数据进行分析，以判断设备是否已出现异常和故障先兆，如经判断有可能出现故障，则发出故障警报，以便及时进行诊断，避免故障发生。

（3）远程监控、诊断系统。由于设备本身的复杂性、故障现象和原因及其表现形式的多样性以及各信息采集装置信息指示能力的局限性，如何将众多不完全的信息进行综合、集成以至融合并用来分析、判断故障，是故障诊断的重点和难点。通常企业在日常工作中会产生大量的故障诊断实例、经验和知识，故可采用模糊理论和专家系统相结合的方法，建立基于事例的故障诊断专家系统。专家系统是一个智能计算机程序系统，包含大量的某个领域专家水平的知识与经验，它能够利用人类专家的知识及解决问题的方法来处理该领域的问题，主要由数据库、记录专家知识和经验的实例库（知识库）及相应的推理机制和实例库管理系统组成。其中，实例库和推理机制是专家系统的核心。基于实例的故障诊断专家系统建立的难点和关键是实例的获取和表达，需从现有的各子系统、历史数据及历史故障中不断地获取实例和专家知识，并不断改进。

（4）计算机通信网络及网络数据传输。远程监控和诊断是在异地进行的，必须通过网络来实现，如设备状态和故障信息的远程获取、诊断结果的传输、远程技术培训、电话会议和在线图像与声音传输等都需要通过网络来实现。网络数据传输模块就是为实现此目的而开发的。数据传输模块是在 Web 协议的支持下，利用多媒体信息集成技术开发的 Web 服务程序。其基本功能是将数据采集装置采集到的数据按一定的格式打包后发送给相应的远程诊断服务程序。同时，网络数据传输模块还负责动态提取诊断服务程序和其他应用程序所要求的信息，如压力、位置等状态信息。

（二）实现远程监控与诊断维护技术的关键技术

1. 基于 Web 方式的数据库接口技术

远程诊断所需的知识和数据信息以数据库的形式存放在远程诊断中心的 Web 服务器上或者与 Web 服务器相连的数据库服务器上。用户在客户端通过运行通用的 Web 浏览器来使用远程诊断系统并访问远程数据库。用户的客户端如何以 Web 方式与远程数据库实现交互，是实现远程监控与诊断维护技术的一个关键问题。通用的方法很多，主要有在诊断中心 Web 服务器上编写专用的应用程序，利用专用的 DBSever 实现数据库与 Web 的连接；客户端上运行专门的 Java 程序与 SQL 数据库相连等。

2. 数据压缩与传输技术

远程诊断系统在应用过程中需要进行大量的以数据、声音和图像为主的信息存储和传输。这些信息在远距离传输时占用频带宽，损耗大，成本昂贵。因此，如何在保证声音、图像质量的前提下，寻求一种有效的压缩算法，以期将声音、图像数据压缩到最低，是一个关键的技术问题。远程诊断的故障信息包括数据信号、音频信号、视频信号及控制信号等，这些不同类型的信号有不同的传输特征和要求。它们要借助通信网络进行传输，而现实的通信网络多种多样，并不是所有的传输信道都能满足对压缩后的故障信号的传输要求。为满足传输的图像高清晰度、动态实时的要求，数字化的数码传输率至少在 384kb/s 以上。目前能够满足这一要求的只有专线、数据数字网（DDN）和综合业务数字网（ISDN）。

3. 网络系统的安全性

网络是远程监控和诊断技术的通信载体，只有保障了诊断网络的安全性，远程监测与诊断才有意义。网络的安全性是指网络中信息的安全性，主要包括信息的完整性、安全保密性和可用性三个关键因素。信息的完整性是指信息在存储和传输过程中不被非法修改、破坏甚至丢失；信息的安全保密性是指保护网上信息不被非授权用户越权使用；信息的可用性是指当需要时能否正常存取所需信息，保证网上信息准确无误。目前通常采用的安全性措施有防火墙技术、数据加密技术等。

与传统的故障诊断相比，设备远程监控与诊断维护技术在沟通管理部门、运行现场、诊断专家和制造商之间的信息，快速准确、低成本地排除设备故障等方面具有无可比拟的优越性。它的应用大大提高了企业的生产速度和服务质量，增强了企业竞争力。

同时，设备远程监控与诊断维护技术作为故障诊断、计算机网络技术、通信技术、虚拟现实技术等多项技术相融合而形成的一个新的科技领域，随着相关技术的发展，必将进入一个全新的发展时期。

当前一种互联网智能传输终端已经上市，如上海繁易信息科技股份有限公司的 FBox 已经在自动化行业中得到应用，效果良好。这种互联网智能传输终端可以将自动化生产线上的许多 PLC、变频器、仪表等电控设备的运行数据和状态通过网络传输到远端的服务器，由云设备管理平台将生产线上的大量设备入网，进行数据采集、存储、信息推送、设备状态监控，管理人员可以进行远程编程、程序升级、维护及故障报警等操作。生产线的管理人员和主管生产的上级领导，可以在远离现场，甚至几千公里的地方用手机 APP、网关、客户端、微信站等多种软件和平台上进行访问，可以方便地更新设备的运行程序。在安全可靠性方面，这种设备可以提供接入验证、加密传输、权限访问、功能授权、安全登录等机制，构建数据安全可靠的环境。通过互联网技术实现远程监控和诊断的技术，降低了企业在管理上的投入，更方便地帮助企业跨入互联网时代。

第二节　锂离子电池正极材料生产中的智能化控制与管理

要实现工业 4.0 和"中国制造 2025"的目标，关键是要大量自动采集工业现场的数据，并加以妥善整合和管理。正极材料生产还要与物联网互通互联，因此，产品追溯流程中标识的使用也至关重要。先进的制造执行系统（MES）是工业 4.0 对制造业企业提出的基本要求，锂电材料生产企业的 MES 软件须根据各个企业的结构和特点量身定制。人工智能、物联网、云计算与传统工业控制的融合，必然会大力推动智能制造的革命。

产品的信息管理是现代自动化生产线上必不可少的一个环节。流程工业制造执行系统、工业 4.0 和物联网将对产品的信息管理和追溯要求提高到了前所未有的高度。

一、锂电行业发展需要电池材料的智能制造

锂电行业的高速发展需要电池材料的大规模智能制造。

近几年来，随着以智能手机为代表的数码消费电子产品、储能电站、电动汽车的高速发展，锂电行业也迎来了迅猛的发展，很多锂离子电池生产厂家乘风而起，迅速发展壮大。但行业的快速发展是机遇也是挑战，只

有快速迎合市场不断变化的消费需求的企业才能赢得市场份额，而质量、成本、交期跟不上节奏的企业就会举步维艰。

动力电池对产品的"质量安全、一致性、后续的维护成本"有更高的要求。随着消费电子产品向"明星机、旗舰机"的方向发展，以及客户普及程度的快速扩大，其品牌集中度越来越高，任何可能招致投诉或者召回的电池瑕疵及事故均可能导致一个品牌的没落甚至消失，因此，消费类电子产品配套电池（以手机、平板、电脑为主）的发展趋势是高比能、高品质。

总而言之，终端产品对电池的要求永远是"更安全、更高能、更快捷、更可靠"，所以电池生产企业必须有更好的质量管控和质量保障系统。

电池由多种材料组成，每种材料都对电池最终的性能、质量、成本有不同程度的影响。不同的材料制造商、不同批次的材料都可能使生产的电池有较大的差异，这就要求对材料制造商进行管理。材料制造商的质量、成本、交期、研发能力、反应速度和战略定位都是考核材料制造商的指标。

材料制造商及供应商质量管理中有一个重要理念"win-win"，即给制造商及供应商合理的利润空间，以保证质量，一味杀价会逼迫供应商降低质量。所以在供应商报价时，应列出物料成本、制造成本、管理成本以及合理利润空间。

对供应商的定期审核及现场过程控制非常重要，在欧美企业中有很多工程师负责供应商管理、过程监控，以保证供应商的品质控制按照企业的品质要求执行。从新产品开发、样品制作到成品量产出货，企业派遣的驻场人员会对每个供应商进行定期质量监控。当前端供应商产品送至后端供应商时，后端供应商会做IQC（来料质量控制）进料检验，及时反馈不良结果，并用8D问题求解法去找根本原因，采用闭环控制去解决问题，甚至会把该产品或工序错误在相似的产品或者工序中进行预防和改善。

随着全球锂离子电池用量的迅速发展，通过管理来保障品质的方式已经不能满足产业需求。对电池材料的大规模需求，催生了电池材料的大规模智能制造技术，而企业对电池及材料的质量、成本、交期的严格要求进一步呼唤智能制造技术在锂离子电池材料上的应用。作者编写此书的目的正在于此。

二、产品的标识和信息管理

目前，产品信息所表示的产品的图标、品种规格和技术指标的编排一般都是由本行业中企业自行设计的。最原始的表示方法是用印刷的不干胶、PVC 塑料标贴在生产线现场，采用贴标机将 PVC 标贴黏附在产品的外包装上，或者采用激光打印机、喷墨打印机在生产线成品段的流水线上自动对产品的外包装喷码。打印喷码由光电开关来感应被打印包装物的位置。

（一）一维码

一维码技术是随着计算机与信息技术的发展和应用而诞生的。一维码是集编码、印刷、识别、数据采集和处理于一身的一门新技术。一维码是宽度不等的黑条和白条按一定的编码规则排列，用以表达、组合信息的图形标识符。条码一般可表示商品生产的国家、制造厂家、商品名称、生产日期、类别、邮箱地址等。世界上常用的码制有好几种，商品上常用的是EAN 码。商品条形码的编码遵循唯一性的原则，以保证商品在全世界范围内不重复，一个代码只标识一种商品项。不同规格、不同包装、不同品种、不同价格、不同颜色的商品只能有一个自己的商品代码。常用商品代码的标准尺寸是 37.29mm×26.26mm，允许缩放的倍率为 0.8 ~ 20 倍。条形码的颜色一般为黑条白空，以保证在识别时有足够的对比度。商品条形码分为 EAN-13 标准版和 EAN-8 缩短版两种。前者为 13 条，后者为 8 条，最后一条是检验符，前面诸条均为商品项目代码。

一维码只是商品标识而不是物品的描述，所以在自动化生产线上的一维码标识并不能完整地表达线上物品的真实信息。一维码的使用必须依赖数据库，没有数据库，它的使用便会受到限制。一维码的信息部分只是字母和数字，尺寸相对较大，空间利用率较低，信息含量不大，而且一维码只能在水平方向上表达商品的信息，在垂直方向上不表达任何信息。条形码一旦有破损就不能被读取，容错率很小，所以一维码已逐渐被新的码制所取代。

（二）二维码

二维码是在普通条形码的基础上发展起来的大容量条码，是用某种特定的几何图形按一定的规律，在平面的二维方向上分布的黑白相间的图形，是用来记录数据符号信息的。在代码编制上巧妙地利用构成计算机内部逻辑基础的 0 和 1 比特流的概念，使用若干个与二进制相对应的几何形体来表示文字、数值信息。通过图像输入设备或光电扫描设备自动识别和读取二维码，以实现信息自动化处理。它有如下特点：①高密度编码信息容量大，可容纳 1850 个大写字母或 2710 个数字或 1108 个字节或 500 多个汉字，比普通条形码信息容量高几十倍。②编码范围宽，它可以把图形、声音、文字、签字、指纹等可以数字化的信息进行编码，用条码表示出来。③容错能力强，具有纠错能力，在穿孔、污损后仍能正确地得到识读。④译码可靠性高，它比普通条形码错误率要低得多。⑤保密性、防伪性好，成本低，易制作，持久耐用，形状尺寸大小比例有 40 种规格可选。

二维码在锂电材料可追溯系统中的应用是目前很重要的研究课题。锂电材料无论是正极材料还是负极材料的产品追踪及溯源，由于各个环节的生产主体不同、分布地域不同、生产工艺管理方式不同、信息采集和交换发布不同，采用产品追溯系统后可以明确供应链的信息流，也便于供应链中的责任界定，同时方便问题产品的召回，降低产品的外部成本。所以当今锂离子电池供应商和用户非常重视对这个系统的应用，锂电材料二维码制作和应用已越来越被重视。锂电材料生产二维码系统首先应提交若干种原材料的详细信息、关键工艺数据和产品检测数据，制成品送交认证机关检验，提交产品质量认证信息后，再由二维码管理机构生成专用的溯源二维码给产品质量认证监督单位，确认后才能制成二维码标签用于产品上，并将产品销售给客户。

锂离子电池成品可追溯系统除了可追溯原材料供应环节、加工和检验环节之外，还要追溯仓储和物流环节、销售环节和成品电池制作环节等，因此，管理的信息量很大，电池成品的追溯二维码内容是目前最全面和完整的。由于产品信息量大，产品的品种规格又多，因此，专门有中央数据库进行储存和管理。

（三）射频识别装置

射频识别（RFID），又称无线射频识别，简称电子标签，它用于控制、检测和跟踪物体，系统由一个询问器和很多应答器组成，应答器又称电子智能标签。RFID 是一种通信技术，通过无线电信号识别特定目标并读写相关的数据，而无须识别系统与特定目标之间建立机械或光学接触。识别 RFID 一般使用 $1 \sim 100GHz$ 微波，适用于短距离通信识别，有移动式和固定式两种，目前的自动化生产线上大都采用固定式。

与一维码不同的是，RFID标签不需要处在识别器的视线范围之内，它可以嵌入被追溯物体内部。RFID使用专门的RFID扫描读写器及专门的可附着于标物的RFID电子标签，利用频率信号将信息从RFID标签传送到读写器。从结构上讲，RFID是一种简单的无线系统，只有两个基本器件，整个系统由一个询问器和很多台应答器组成。

RFID标签有被动、半被动、主动三种。目前在产品的自动化生产线上常用被动式。RFID技术与一维码、二维码相比，其优点是可容纳较多的数据容量，通信距离比较长，难以复制，对环境变化有较高的忍受度。电子标签使用过后，标签的内容可重写，利用率高。但是RFID的缺点是装置的成本比较高，技术复杂而且易受干扰。

射频识别装置发展很快，动态双接口的RFID与PROM（可编程只读存储器）电子标签相比，还能记录各类测量参数，并把各种数据从数据链输入系统。

（四）无线网络在自动化生产线上的应用

近年来，无线网络成为工业控制智能化生产领域中迅速发展起来的热点之一。无线网络技术的应用给使用人员、管理人员一种全新的视角来观察和反映问题。以前分布在自动化生产线上的各处传感器所采集的数据，如温度、压力、流量、位置、重量等都采用有线网传输，在配置、安装、修改和扩展等方面都十分烦琐。而无线网络技术在上述各个方面都大大优于有线网络，更主要的是无线网络可以很方便地接入移动设备。尤其是在大力推广物联网技术的今天，采用无线网络技术可以大大提高工作人员的工作效率和精确性。

工业控制领域中应用无线通信技术已发展了多年，一般采用现场总线和无线通信相结合的做法。无线传感器网络（WSN）是无线网络技术的重要组成部分，特别是现代新发展起来的WSN的数据流向是双向的，它不仅可以将传感器测量的数据上传到主站，还可通过WSN将主站的控制指令下达到传感器，从而实现对传感器活动的远程控制。

WSN主要由网络节点组成，小规模的自动控制生产线由几个网络节点组成，而大型工程项目由成百上千个网络节点构成。每一个网络节点和一个或多个传感器相连。每个网络节点通常由带有内置或外置天线的无线电收发装置、微控制器、传感器接口和电源网等部分组成。它的电源常采用内置式锂电池或太阳能、风能。无线传感器在工业设备监控领域中应用时要求传感器的电池寿命很长，因此，低功耗是很重要的技术指标。除此之外，由于网络安全性相对较弱，所以对数据加密、身份确认和密码管理也有较高的要求；另外，自维护性要好，在不需人工介入的情况下能自动探测并纠正网络节点或通信链路上出现的错误。

新的无线通信协议提出网状路由的概念，使网络上的任何一个仪器设备都可以与其他在通信距离以内的仪器设备相互通信，每一个仪器设备都可以作为路由器发挥作用，能够把传递的信息从信息源传递到目标仪器设备。在这样一个网状路由网络中，其仪器设备无须与网关设备有直接的联系，每一个仪器设备都具有路由器传输、接收信息的能力，保障所传递的信息可靠地到达指定的网关。

工厂设备的监控和控制等场所所用的 WSN 传输的数据量并不是很大，但要求信息数据传输精确，而速度并不要求很高，延迟数秒甚至数分钟都是可以接受的。工业控制中，当生产过程中传感器距控制中心距离较近时，仍可用有线的实时传输，但这些站点或距离较远的某些控制点则可用离线智能无线传感器进行非实时传输，如某些公共工程指标的检测、物流站点。目前 WSN 技术在锂离子电池材料生产线上的应用不多，但它无疑是今后先进通信和智能制造的发展方向。

三、先进制造执行系统的应用

锂离子电池的生产早期是小批量的，是粗放的管理及大量的人工手动操作，因此，生产效率低下，产品性能不稳定。但是当前锂电行业发展迅速，产业规模逐步扩大尤其是产能的提高，正极材料和负极材料生产线的规模越来越大，所以必然对生产管理提出越来越高的要求。制造执行系统（MES）正是提供从订单投入到产品完成的整个生产过程的优化管理，表现在运用及时、准确、指导、启动、响应并记录工厂的活动，控制原料、工艺、设备、品质、人员、异常情况、流程指令和辅助设施等工厂资源，提高生产效率，减少非增值活动，改善设备投资回报率，加快库存周转，提高收益等各个方面。

MES 并没有一个非常明确的定义，因为各个行业都有自己的生产特点和过程，即使目前已在运行的 MES 也是系统集成商为特定的行业和用户进行量身定制的产物。但是归纳起来讲，MES 实际上是一个将位于底层的生产过程和设备的控制层（DCS 系统、PLC 系统和 SDADA 系统）和顶层（管理企业中各种资源、销售制订生产计划的管理计划层）之间连接起来，起一个中间桥梁作用的制造执行层。它直接面向工厂管理的生产调度、设备管理、质量管理跟踪、状态的检测与监控、实验室信息管理、数据采集和人力资源管理等流程。所以它起承上启下的过渡和桥梁作用。

国际制造执行系统协会（MESA）将流程工业制 MES 分为五个子系统，它们分别是企业资源管理（ERP）、供应链管理（SCM）、销售和服务管理（SSM）、产品和工艺设计（P&PE）、过程控制系统（PCS）。作为核心的 MES 的功能有三个：①为子系统提供信息；②从子系统中获取各种数据；③使子系统交叉协调。MES 实际上是一个管理程序，它服务的对象主要是运行人员，包括工厂管理者，物流、维护、质量、调度管理、操作者和技术员。一个优秀的 MES 要求全厂正在进行的生产过程全部可控，未来可能的发展都应该在 MES 程序掌控的范围内，以指导和测量一个工厂总体的运行效果，为企业提供关于成本、物流和改进计划的各个数据流。

四、锂离子电池正极材料规模生产线的行业特点

锂离子电池正极材料高温固相合成法生产线的行业不仅要求自动化，还要求智能化和规模化。

锂离子电池正极材料采用高温固相合成法的生产线具有流程工业的特点，一般都是批量连续生产，主要通过几种原料的供给、配比混合、输送、高温烧结、分离、粉碎、表面处理等物理化学处理过程，使原料增值。根据上述过程，同时根据品种、规格、批量的大小，生产分成批量连续和间歇生产两种状况。自动化生产的基本特征：①生产批量大、生产周期短，在一定的时间段内生产同一种产品。②原料种类相对单一。原料供应量是有保证的，从原料供应到产品输出是一个稳定连续的过程。产品的类别虽多，但仅限于配比的改变或某一两种原料或辅料的改变。③生产计划确定后，主要的生产任务是调整工艺参数的控制过程，以降低能耗，提高产品品质。④生产形态的连续性。生产信息和数据采集大部分依靠自动化获得，但某些信息仍需通过人工介入获取，还不能做到全部信息和数据在线采集和修正。生产各个环节紧密联结，中间不允许有任何中断，自动

化程度较高。⑤生产线投入资金颇大，能耗较大，有粉尘和废水、废气产生，但在正常生产时均可控。生产管理和控制的重点和优化对象是安全、稳定、低耗、质量、收率。⑥自动化生产线的规模和产量是确定的，但生产订单却是变化的，对于若干个小批量的订单生产安排时面临一系列"截批"控制问题，如两个批次之间的分隔如何界定，如何人机交互，以动态完成生产调度以及物流跟踪和库存管理。今后企业必须能对不同的锂电产品的品质结构、个性化、定制化及差异化应用进行柔性化的生产安排。

五、南大紫金科技有限公司 NMES 功能模块介绍

目前锂离子电池正极材料信息化建设的重点首先是解决工厂生产可视性差、需求预测准确率低的问题。其次是解决物联网上下沟通不够有效的问题。当前的难点是实时且完整的集成管理和控制缺失，这是绝大多数正极材料生产厂商都面临的挑战。南大紫金科技有限公司（以下简称"南大紫金"）针对上述问题设计了管控一体化平台 NMES。这个平台采用大型数据库压缩储存技术、矢量图、html5 技术，解决了跨平台数据共享（Windows/ 安卓 / 苹果）访问的问题，实现了一次在线组态、关键指标各平台共享功能，以一种全新的、简单的、完全图形化的方式构建软件应用，通过选择相应的组件或模块进行配量和在线组态式开发。这些组件和模块主要有企业生产过程监控模块、运行管理模块、指标考核模块、报表 / 预警管理模块、生产会议管理模块和设备资源管理模块。这些模块的共同特点是管控一体化，具有实时 / 历史数据高容量，且准确度高的优点，可以根据权限设定后，采用系统同步接口使不同级别的管理人员可用手机或个人电脑进行远程访问，监控和诊断各个生产、管理、流动环节。此外，通过灵活的菜单定义、在线自定义综合报表编制和自定义图形化在线组态画面实现监视、查询、数据分析及回放，从而迅速、方便、可靠地提升整个工厂的生产、管理、流动等方面的水平。因此，南大紫金管控一体化平台 NMES 扮演了面向服务的工业信息总线的角色，实现了智能生产控制，并使工业 4.0 和"中国制造 2025"落实到具体的生产企业身上。

正极材料生产 NMES 软件包规划为以下 12 项，企业可根据规模的大小进行选择。

（一）工艺规格标准管理

编制生产工艺，根据工艺过程编制图片、图纸、计算机监控画面、工艺卡片、流程图。

（二）作业计划和排程调度

根据计划及订单进行生产排序。对于订单的大、中、小规模允许穿插和变通，允许加急订单操作。

（三）数据采集和报表

通过扫描原料和各种辅料的一维码、二维码或 RFID 电子码以及生产过程中实时采集的生产信息和数据，自动生成各个班次、日、月、年生产报表以及成品的识别装置（二维码或电子码）。

在不同的区段如配混料段、窑炉烧结段、包覆和整粒段、成品计量段，设置大屏幕看板，用以展示生产进度、与目标的差距、实时跟进情况，敦促各区段完成原计划的生产指标。

（四）车间现场管理

车间现场管理包括生产派工、开工、中途检测申请、成品检测申请、原料和辅料的配送。

（五）质量控制与分析

通过与标准工序、标准参数的对照评估当前生产的质量。有质量问题时上报和处理，尤其是针对不同时段的报表进行分析、评估，从而形成不同时间段的质量评估报告。

（六）产品跟踪和在线物流

使用一维码、二维码或 RFID 电子标签对产品进行物流跟踪，了解在制品的情况。

（七）报警管理

采集各种有线或无线传感器组成的网络上传的信息，工厂自定义各个使报警设备异常报警，根据性质严重的程度分别编制低、中、高三种报警级别，可以通过电子屏、声音、不同的闪光频率发出警报，实现自动报警。能通过某种设备实现现场或中控室进行控制的记录，并能针对不同级别的警报采取相应的排除措施，以及警报排除后如何恢复等措施。

（八）设备状态管理

通过现场总线、PLC 和 PC 实时监控设备的运行状态，对设备的运行状态进行分析等，设置零部件管理和设备定期维护规则。

（九）物流管理

物流管理内容包括原料堆垛、原料库存量、中间产品、辅助材料、易燃易爆危险材料、中间产品库存、成品料库存、分组情况、位置情况、状态情况等。

（十）人力资源与执行监督

在发现进度、质量、设置等异常情况时，自动反馈到具体责任人进行红灯警告，并跟踪处理的过程，必要时发出批评指令甚至开出罚单。

（十一）成本管理

对生产成本进行跟踪，建立起工作中心生产资料消耗渠道，并根据能源消耗和生产资料的消耗量反过来去优化这两个项目的配置。

（十二）能源管理

借助配置在各个公共工程上的有线或无线传感器，采集水、电、气、燃料等各项介质的监控数据，进行计划调度和分析优化，支持节能、环保并做好安全可靠的能源保障。

六、锂离子电池产业技术的革命

"中国制造 2025"是我国从制造大国向制造强国转型升级的奋斗目标，为我们指明了中国产业发展的方向。

"中国制造 2025"中提到，新一代信息技术和制造业的深度融合正在引发影响深远的产业革命，形成新的生产方式、产业形态、商业模式和经济增长点。但是我国仍处于工业化进程中，与先进的国家相比还有较大的差距。这些差距同样明显地存在于我国锂离子电池产业中，我国的锂离子电池成品的各种材料的制造厂商的生产仍是大而不强，自主创新能力较弱、关键核心技术和高端装备对外依存度很高。因此，我国锂离子电池产品的档次还不高，资源和能源的利用效率低，信息化的程度也不高。

"中国制造 2025"瞄准的正是创新驱动、智能转型、强化基础、绿色环保、结构优化和人才为本这几大目标，促使我国锂电产业加快转型升级，全面提升锂电行业的研发、生产、管理和服务的智能化水平，也就是说，将我国锂电材料传统的制造方式向智能化的生产方式转型。德国提出的工业 4.0 战略是一个革命性的针对基础性的科技战略，它更关注工业生产方式质的变化，因此，对我国制造业的转型升级有非常大的参考价值。

工业 4.0 的特点是基础性、策略性、创造性、前瞻性和市场性。我国是一个发展中国家，当前工业化的进程中，落后与先进并存、传统与现代共生。我国在相当长的一段时间内还需同时推动工业 2.0、工业 3.0 和工业 4.0 的进程，既要实现传统产业的转型升级，又要实现在高端领域内跨越式的发展，建立起既符合中国实际情况又体现世界发展潮流的中国工业体系。这一论断非常贴切地指出了在我国锂离子电池各种材料和成品电池制造体系中存在的问题和发展前景。

回顾当前我国锂离子电池正极材料的生产和管理水平可以发现，我国目前达到量产水平的正极材料厂家许多还停留在初级的电气自动化的工业 2.0 时代，即使最先进的企业在自动化基础上提升了信息电子技术水平，也只是达到了工业 3.0 的时代的水平。因此，我国锂离子电池正极材料的生产要想达到工业 4.0 的要求还有很长的路要走。要将传统的制造方式向智能化转型，必须优化自身内部结构，提供产品和系统集成，并实现生产的数字化。

智能生产是现企业运行、研发、管理等宏观层面的升级和改革的目标。智能工厂是依靠生产过程的管控与数字化设备网络化分布来实现的，它的范围是车间，它是具体的生产执行层面。

工业 4.0 为工业生产和工业信息化提供了参考标准，要靠技术创新来实现。离工业 4.0 要求最近的技术平台是 MES。一个高水平的 MES 是"智能制造"的核心。先进的 MES 将成为精益生产的支撑平台，对降低生产成本、提高生产质量可以发挥巨大的作用。MES 也是生产的指挥平台，在异常频发的生产环境中能够实时掌控生产的全貌，为计划优化和调度调整提供决策和建议，能敏捷地应对生产中的各种状况，通过过程中的质量控制和成本控制来优化质量和降低成本。

智能物流也是工业 4.0 的核心组成部分。在工业 4.0 智能工厂的框架中，智能物流和仓储虽位于后端，但是它们是连接制造端和客户端的核心环节。智能物流仓储系统具备劳动力成本节约、租金成本节约、管理效率提升等方面的优势。

工业 4.0 还强调两个整合的概念：一个是横向整合概念，是将供应链智慧化和实时化。供应商通过工业云网络与具体的生产厂商连接，实现个性化生产，即实现设计协同、物流协同和管理协同。锂离子电池的供应商将自己的生产能力、生产计划、采购计划及库存信息与正极材料、负极材料、隔膜和电介质材料的生产工厂共享，这样就方便这些材料的生产商进行决策和快捷化的生产，从而使他们提供的产品如同定制一般，以提供个性化的服务。此外，生产商与物流协同合作，最优化地将客户订单排入计划，生产过程与物流服务优化协同，还可向客户提供生产和物流的全程"可视化"。这种横向整合在以前的生产流程中是非常欠缺的。今后发展的趋势是小批量的订单生产、个性化的生产成为生产和供应的常态，这势必要求参数化的、平台化的 MES 功能强、灵活性强，能快速与客户的要求相适配。工业 4.0 强调的另一个概念是纵向整合和设计整合。纵向整合指的是以订单排序、排程一直管到加工和装配的整个流程。而设计整合则是将专为客户量身定制的专项设计与通常的设计相整合。

工业 4.0 是技术发展的必然结果，对全球的制造业必将产生革命性的影响。我国的新能源锂电产业达到工业 4.0 的要求和标准还任重道远。

第四章　锂离子电池正极材料展望

第一节　动力锂离子电池正极材料技术路线之争

锂离子电池已广泛应用于各种便携式电子产品，在目前的二次电池市场上是最具活力的，其需求量仍在不停增长。在该产业与其下游产业的相互促进与共同发展中，其市场扩展将会越来越快。其下游产品包括各类数码电器、电动工具、电动车辆以及各类储能系统。此外，在军事、航天航空及智能机器人等领域，锂离子电池也有很大的市场。随着锂离子电池的应用市场的变化，对其提出的要求也在发生变化。

目前全球锂离子电池主要生产国家是中国、韩国和日本。三国占据了全球 95% 左右的市场份额。近年来，由于动力电池的快速发展，锂离子电池这一行业又进入了一个快速增长周期。中国锂离子电池行业得益于中国政府不断加大新能源汽车推广力度，电动汽车产销量迎来井喷式增长，从而使锂离子电池的需求迅猛增长。全球主要企业都瞄准了中国这一市场，纷纷加快布局步伐，全球锂离子电池产业重心进一步向中国偏移。

从锂离子电池的发展来看，一方面，锂离子电池的制造工艺不断进步和成熟，使得电池的性能逐步提高，成本逐步下降。但与具有上百年历史的一次电池相比，锂离子电池的工艺仍有不小的上升空间，值得工程技术人员深入研究和开发。另一方面，在锂离子电池的发展历程中，有不少新的体系和新的材料出现，使得锂离子电池的发展呈现多元化，可以根据不同的实际需要来进行材料和体系的选择。

新能源汽车中电动汽车是主要发展对象，它由电池提供部分或全部动力。锂离子电池是可实用化的电池中能量密度最高的体系，目前的动力锂离子电池质量能量密度为 200W·h/kg 左右，是镍镉电池的 2.5 倍，是镍氢电池的 1.8 倍，是当前最有可能满足普及型电动汽车需求的动力电池。事实上，目前各大汽车厂商都在竞相开发动力锂离子电池，表 4-1 是一些著名的电动汽车厂家采用的电池型号及其性能。

表 4-1 部分电动汽车用电池型号及其性能

制造商 / 车型	电动汽车类型	电池类型	电池尺寸 / kW·h	续航里程 /km	充电时间 /h	电池供应商
雪佛兰 Volt	PEV	锂离子电池	16	56	4（240V）、10 ～ 12（120V）	LG
尼桑 Leaf	EV	锂离子电池	24	117	0.5（480V）、7（240V）、20（120V）	Nissan
特斯拉 Roadster	EV	锂离子电池	56	400	3.5（240V/70A）	Panasonic
菲斯克 Karma	PEV	锂离子电池	22.6	52	6（240V）	A123
丰田 Prius Plug-in Hybrid	PEV	锂离子电池	4.4	18	1.5（240V）、2.5 ～ 3（120V）	Panasonic
福特 Focus Electric	EV	锂离子电池	23	122	4（240V）、20（120V）	LG
福特 Fusion Energi	PEV	锂离子电池	35	N/A	N/A	Panasonic
Coda	EV	锂离子电池	31	142	6（240V/30A）	Coda
丰田 RAV4-EV	PEV	锂离子电池	41.8	160	6（240V/40A）	Tesla
通用 Spark EV	EV	锂离子电池	21.3	132	7（240V）	LG
梅赛德斯奔驰 Smart ED	EV	锂离子电池	17.6	138	7（240V）	Deutsche ACCU motive

制造商 / 车型	电动汽车类型	电池类型	电池尺寸 / kW·h	续航里程 /km	充电时间 /h	电池供应商
宝马 i3	EV	锂离子电池	22	160	10（110V）、3（220V）、0.5（440V）	Samsung SD1

动力锂离子电池是从手机使用的小型高容量锂离子电池发展而来的，在用于电动汽车这样的大型交通工具时，除了电池体积需放大，一些新的课题和要求也必然会被提出。第一，最重要的就是安全性。电池越大，能量越高，危险性就越大。第二，能量密度。具有高质量能量密度和高体积能量密度的电池是电动汽车可以取代燃油汽车的根本。目前的电池技术造出的电池相对于汽油来说，还有很大的差距。但在一定条件下，电动汽车电池对能量密度的追求并不像 3C 电池（以 3C 产品，如手机、平板、笔记本电脑等为代表的采用镍钴锰酸锂、锰酸锂等材料体系制作的容量型锂离子电池）那么迫切。第三，电池的快充快放能力。小型电池在使用中对功率的要求较低，但在电动汽车上，快速启动和爬坡等实际工况要求电池有较大的输出功率。同时，快速充电是电动汽车的特殊要求。第四，电池的寿命要求。消费类电子设备对电池的寿命要求一般为 500 次循环，可以使用 1 ~ 2 年。但电动汽车对电池的寿命要求是至少能循环上千次（混合动力电动汽车要求上万次），可以使用 10 年以上。第五，3C 电池多为单体电池，对电池的管理简单。但作为车用电池，为能达到足够的电压和电流，电池必须既有串联又有并联，因此对电池组的管理就成为一个很重要的课题。

目前的电动汽车用锂离子电池正在快速向前发展，正极材料是其性能和价格的关键，根据正极材料使用的不同，如今电动汽车用锂离子动力电池主要有以下两条技术路线。

第一条技术路线是从能量密度出发，选择高能量密度的正极材料，主要有 NCM 三元材料和 NCA 三元材料。这一技术路线的基本思路是要用电池取代燃油，就必须先保证电池的高能量密度。携带同样的电量，电池本身体积和质量越小越好。电动汽车所需要携带的电池的质量和体积是设计电动汽车一个非常重要的参数。普通的铅酸电池的质量能量密度为

40W·h/kg 左右，对一辆需要 40kW·h 电的插电式混合动力车来说，如果使用铅酸电池，则电池的质量就将达到 1 000kg，再加上结构支撑、冷却系统和管理系统等，整个电池系统的质量有可能达到 1 500kg，电池本身与一辆中型车相当；而如果采用质量能量密度为 100W·h/kg 的锂离子电池，这辆车同样携带 40kW·h 电，所需要的电池质量就只需要 400kg。一般地，车辆每增加 100kg 的质量，每百千米电耗就需要增加 0.6 ~ 0.7kW·h，这样一来如果电池多了 600kg，同样性能的车每百千米就要增加电耗 4kW·h 多，车辆的续航里程会大大减小。从这里可以看出，高质量能量密度的优势是非常明显的。同时体积能量密度也很重要，毕竟车的体积比较小，电池占据了太大的空间会很麻烦。铅酸电池的体积能量密度为 100W·h/L 左右，锂离子电池的体积能量密度至少为 300W·h/L，这样采用锂离子电池所需的空间体积只有所需铅酸电池体积的三分之一。对于 40kW·h 电的电池组，使用铅酸电池时，仅电池本身的体积就将达到 0.4m³，而使用锂离子电池可将体积缩小到 0.13m³ 左右，一般车辆空间本就狭小，节省空间是很重要的。同时当电池系统体积增大时，所需要的支撑结构也相应变大，就会进一步导致车辆的质量增加，对提高能量利用率更加不利。

从以上的分析可以看出，在电动汽车使用的储能系统中，采用高能量密度的电池具有明显的优势，这也是锂离子电池能快速进入电动汽车领域并占领市场的主要原因。锂离子电池的体积能量密度是逐年上升的，平均年增加速率达到 11%。

在目前的动力锂离子电池中，负极材料相对固定，为石墨类碳材料，因此对正极材料的选择很大程度上决定了电池的性能。而在各种正极材料中，采用具有层状结构的氧化物材料制造的电极的能量密度最高。

NCM 三元材料根据三种过渡金属元素含量的不同有不同的类别，如 Ni 含量增大，能量密度提高，但循环性能会有所下降。目前主流的三元材料是 111 型，采用其制造的锂离子电池能量密度在 160 W·h/kg 的水平。如果采用容量更大的 532 型，甚至 622 型三元材料，能量密度可以达到 200 W·h/kg，但电池寿命一般只有 300 ~ 500 次充电循环。同时考虑到三元系材料的成本依然较高，很多动力电池公司在制造三元锂电池的过程中，往往会在其中加入一定量的 $LiMn_2O_4$。

NCA 材料的能量密度比 NCM 材料更高，采用 NCA 材料制造的锂离子电池的能量密度一般可以达到 235 W·h/kg。特斯拉（Tesla）成功地将其应用到了电动汽车中，在全球范围内掀起了一股 NCA 研发和产业化的新浪潮。

由于电池是一个能量包，能量越高，潜在的安全性问题就越大。所以对于"高能量"这一动力锂离子电池技术路线来说，保障安全性是关键。目前，一些新的安全防范措施已经被开发出来。例如，通过在隔膜上加陶瓷涂层和采用负极热阻层来阻止电池内部短路，在电解液中添加氧化还原电对和采用电压敏感膜来防止过充，采用温度敏感电极或电极材料来防止电池热失控，等等。同时采用先进的电源管理系统对保证电池组的安全性非常重要。Tesla 以 18650 圆柱形小电池为单体蓄电池，其单体比能量为 3 000mA·h，电压为 3.7V。成熟的 18650 电池制造技术较好地保证了电池的一致性。具体是将约 400 个 18650 型单体电池组合成一个电池模块，放入电池箱体的特定部位，然后将近 20 个电池模块连接起来，整个电池箱体包含 7 000 多颗 18650 型电池单体，不同的模块之间用隔板隔绝。这样的设计既可以增加电池组整体的牢固程度，使整个底盘结构更加坚挺，又有利于电源管理，避免某个区域的电池起火时引燃其他区域的电池。隔板内部填充有玻璃纤维和水。整个电池箱位于车辆的底盘，与轮距同宽，长度略短于轴距。电池组的实际物理尺寸是长 2.7m，宽 1.5m，厚度为 0.1 ～ 0.18m。电池组采用密封设计，与空气隔绝，大部分用料为铝或铝合金。可以说，电池不仅是一个能源中心，还是 Models 底盘的一部分，其坚固的外壳能对车辆起到很好的支撑作用。Tesla 公司通过成熟的电源管理系统来保证电池组的安全，获得了很大的成功。

电动汽车电池技术路线除了要考虑能量密度（主要是基于续航里程考虑）和安全性，还要考虑资源问题。在 Tesla 的电动汽车中，每颗电池容量为 3 000mA·h 的 18650 型 NCA 圆柱电池需要 17g NCA，对应需要消耗金属镍约为 8.33g、钴约为 1.56g。若以每辆车 7 000 颗电池计算，每辆车需要镍为 58.3kg、钴为 10.95kg。同时，各工业大国均提出了大力发展新能源汽车的要求，多国宣称在 2030 年新能源汽车拥有量要达到汽车总数的 70%。按此计算，所需资源将是不可想象的。若采用 NCA 或 NCM 为正极材料，则镍钴资源消耗难以承受。即使采用镍钴回收的办法，其成本也是一个问题。随着镍钴资源消耗量增加，镍钴价格将会暴涨，历史上镍的价格曾高达每吨 40 万元人民币，钴的价格高达每吨 70 万元人民币。若坚持走三元系技术路线，三元系材料的价格也将会相应暴涨。

第二条技术路线采用的是安全第一的思路，从确保电动汽车安全的角度出发，采用安全性最好的磷酸铁锂（$LiFePO_4$）为正极材料。毫无疑问，电动车是载人的，其安全性的保障是首要的。伴随着电动汽车市场的大发展，关于电动汽车突发燃烧和召回的事件也有日渐增多的趋势，人们对电动汽车的安全性也越来越关注。

采用正交晶系橄榄石型的 $LiFePO_4$ 为锂离子电池的正极材料，能够从正极材料角度极大地提高锂离子电池的安全性能。$LiFePO_4$ 有很好的热稳定性，这是由 $LiFePO_4$ 结构中较强的 P—O 键决定的：$LiFePO_4$ 中 P—O 键形成离域的三维立体化学键，非常稳定；在常压空气气氛中，$LiFePO_4$ 加热到 400℃仍能保持稳定。从室温到 85℃范围，$LiFePO_4$ 不会与含 $LiBF_4$、$LiAsF_6$ 或 $LiPF_6$ 的 EC/PC 或 EC/DMC 电解液发生反应。因此，以 $LiFePO_4$ 作为正极材料的锂离子电池具有很好的循环可逆性能，特别是高温循环可逆性能，而且提高使用温度还可以改善它的高倍率放电性能。在电解液 1mol/L $LiPF_6$（EC 与 DMC 体积比为 1∶1）中，全充电状态的 $LiFePO_4$ 在 210～410℃存在放热峰，总热量仅为 210J/g，而全充电态的 $LiCoO_2$、$LiNiO_2$ 总放热量分别为 1000J/g、1600J/g，并且伴随氧气逸出。绝热加速量热分析仪 ARC 技术是一种通常使用的测量电池及其材料的稳定性的技术。它能够模拟潜在失控反应和量化某些化学品及混合物的热、压力危险性。它通过研究样品在绝热环境下的自加热情况来测量电池及其材料在不同温度下的化学稳定性。

目前中国一些汽车厂家采用 $LiFePO_4$ 作为电动汽车用锂离子电池正极材料，其中最具代表性的为比亚迪，该公司生产的 e6 电动汽车所携带的电池能量为 63kW·h，质量达到 750kg。该公司通过采用磷酸锰铁锂新型正极材料，提高了电池单体电压，在提高电池组能量到 82kW·h 的同时，将电池质量降低至 700kg。

从资源角度分析，全球一年铁产量大于 10 亿吨，铁资源不受限；全球一年磷产量大于 1 亿吨，磷资源也不受限。此外，$LiFePO_4$ 中锂的含量约为 4%，而三元系材料的锂含量约为 7%。因此，$LiFePO_4$ 对锂资源的消耗比三元系材料要低 40% 以上。

未来随着 $LiFePO_4$ 产能的进一步增大，其成本还会大幅度下降。如果 Li_2CO_3 价格一直维持正常水平，未来 $LiFePO_4$ 售价将会低于每吨 6 万元。同时若采用磷酸铁锂/石墨烯复合材料，$LiFePO_4$ 电池就可以在 10min 内充满 80% 的电量，这样 $LiFePO_4$ 电池的续航里程就不是问题了。

所以综合考虑 $LiFePO_4$ 的资源储备、成本、循环与安全性能优势，未来电动汽车技术路线有可能以 $LiFePO_4$ 为主流方向。

第二节 正极材料发展的展望

锂离子电池从消费类电子产品的电源发展到电动汽车用能源，产生了极大的经济利益和战略意义。各国政府和各大能源公司纷纷斥巨资进行研究，希望能在这一新兴行业中占得先机。

要达到更高的能量密度，必须研究和开发新的材料和新的体系。寻找满足性能要求的新材料一直是科技工作人员的工作方向。随着科技的发展、计算能力的增强，很多材料的性质可以通过一定的计算软件进行计算和预测得到。

合适的锂离子电池正极材料有诸多条件需要满足。高的电压往往意味着更强的氧化性，会使电解液有更大的被氧化风险，使制造的电池安全性较差。而大的容量要求有更多的锂离子可以从晶体结构中脱出，这更容易造成材料的结构不稳定、循环性能变差。同时，材料必须具有良好的锂离子导电性和电子导电性。所以在初步筛选之后，仍需要进行大量的调查研究工作。

目前已有大量的科研人员投入了开发新型正极材料的工作中，与此同时，各种已有的较为成熟的锂离子电池正极材料也呈现出一些新的发展动态，这些变化在很大程度上可以代表锂离子电池正极材料在一定时期内的发展方向。

一、高电压钴酸锂

$LiCoO_2$ 是最早被商业化的锂离子电池正极材料，也是最为成熟的正极材料。它具有能量密度高、制备简单、循环性能和倍率性能较好等特点，目前仍是商业化应用较广泛的锂离子二次电池正极材料之一。但由于结构较为稳定，$LiCoO_2$ 分子中只有约 0.5 个锂离子能可逆地嵌入和脱嵌，因此对应的比容量只有 $140mA \cdot h/g$ 左右。提高正极材料能量密度最有效的两种手段就是提高材料的压实密度和放电比容量。对 $LiCoO_2$ 的研究 20 世纪 80 年代就已开始，经过了多年的发展，其电化学性能及加工性能的研究已臻极限。$LiCoO_2$ 的真密度为 $5.1g/cm^3$，而目前商业化的 $LiCoO_2$ 压实密度可以达到 $4.2g/cm^3$，基本已达到极限。因此，提高 $LiCoO_2$ 的充放电比容量几乎成为 $LiCoO_2$ 发展的唯一方向。

在超过 0.5 个锂离子之后继续对 $LiCoO_2$ 进行脱锂（在实际操作中通过提高上限截止电压实现）会带来明显的容量衰减结构坍塌。

为了改善 $LiCoO_2$ 过充条件下的结构稳定性，目前主要采用掺杂手段。研究较多的掺杂元素主要有 Mg、Al、Cr、Ti、Zr、Ni、Mn 和稀土元素等，很多时候需要同时掺杂两种以上的元素。

寻找合适的掺杂元素，考虑多种元素共同掺杂及其恰当的比例是发展高电压 $LiCoO_2$ 的有效途径。

二、高镍正极材料

相对 $LiCoO_2$ 正极材料，层状镍氧化物具有容量更高、价格更低、资源更广等优势，但也有着循环稳定性不好、热稳定性欠佳和不耐过充等问题。纯相的镍酸锂很难合成也无法使用，需要掺入一定量的其他金属元素，到目前为止，较为成功的是镍钴铝二元（NCA）和镍钴锰三元（NCM）材料。Tesla 将 NCA 材料成功应用在电动汽车电池中，使人们对高镍层状氧化物材料重新产生了巨大的研究热情。产业化的 NCM 材料从最初的 111 型发展到 442 型，再到 523 型，以及目前的 622 型和 811 型。随着镍含量的逐步提高，三元材料出现了与二元材料相似的问题，即生产过程中镍的难以完全氧化和使用过程中材料对湿度的敏感所造成的加工、储存和运输上的困难。

由于在高温情况下，特别是氧化条件不充分的情况下，三价镍离子不稳定，容易发生还原，生成少量的二价镍离子。而后者因为与锂离子半径接近而会有一部分在锂的位置出现，产生所谓的锂镍混排现象。可嵌脱位置上锂含量的下降直接导致了材料放电比容量的降低。同时，镍离子在锂位置的出现也阻碍了锂离子的传递通道，最终大大影响了材料的电化学性能。所以在高镍材料的合成过程中必须保证很好的氧化条件。在工业生产中，可以通过烧结炉的设计、烧结程序的控制以及一些强化的氧化条件的提供，来保证镍的完全氧化。

压力对 $LiNi_{0.8}Co_{0.15}Al_{0.05}O_2$ 的放电比容量和容量保持率有显著的影响。其未加压制备的样品的首次放电比容量、第 30 次放电比容量和 30 次循环后的容量保持率分别为 174.9mA·h/g、114.5mA·h/g 和 65.5%；而在 0.4 MPa 氧气压力下制备的样品的首次放电比容量、第 30 次放电比容量和 30 次循环后的容量保持率分别为 187.6mA·h/g、167.9 mA·h/g 和 89.5%；在 0.2 MPa 与 0.6 MPa 氧气压力下制备的样品具有相近的放电比容量和循环性能，优于未加压制备样品而劣于 0.4 MPa 氧气压力制备样品。加压的氧气气氛可以促进镍离子的充分氧化，制备出的 $LiNi_{0.8}Co_{0.15}Al_{0.05}O_2$ 具有较完善的晶体结构，能够提高材料的电化学性能。

另外，高镍材料对环境较为敏感，即很容易吸收环境中的水蒸气和二氧化碳，并在表面发生一些反应，这就要求在使用高镍材料时必须对环境加以控制，这也是很多国内的电池厂无法用好高镍材料的原因。控制使用环境只是从外部来解决问题，而通过制备在常规环境中稳定的高镍材料可以更快地推广该系列材料，使其应用成本降低。目前最为常用的处理方法是采用稳定的包覆层来保护高镍材料的内核，根据材料的不同，一般可分为惰性材料包覆和活性材料的包覆。前者有 Al_2O_3、磷酸盐等，这种包覆由于引入了电化学非活性物质，会引起容量的下降。同时包覆物质和被包覆物质在晶形上有较大差异，在循环过程中晶格的膨胀与收缩往往会导致包覆层的脱落。因此，近来有科研人员对与被包覆的高镍层状氧化物材料具有相似结构的 $LiCoO_2$ 和 $LiNi_{1/3}Co_{1/3}Mn_{1/3}O_2$ 等具有电化学活性的材料的包覆进行研究。

除了包覆，通过其他离子的掺杂来提高镍基正极材料结构稳定性和循环性能也是一种常见的手段。由于单种阳离子掺杂对于镍基固溶体材料性能的改善有一定的限度，两种或多种阳离子金属共同掺杂体系就得到了较多的研究，如 Co、Al 共同掺杂，Co、Mn 共同掺杂，Co、Mg 共同掺杂，三种阳离子的掺杂，等等。从多金属共同掺杂的效果来看，其对镍基固溶体性能的改善往往优于单种金属的掺杂。

另外，不论是二元材料还是三元材料，以及其他掺杂的高镍材料，基本上都是通过共沉淀法来制备金属离子混合均匀的前驱体的。这样获得的最后产物一般是由较小的一次颗粒团聚而成的微米级大小的二次颗粒。这种球形团聚体有很好的流动性，通过把团聚体做得致密圆滑可以获得振实密度很高的产品。但这种形貌很好的产品在涂布成极片之后的碾压工序中很容易发生破碎，失去原有的球形形貌。特别是对于包覆材料和梯度材料来说，其包覆和梯度的概念都是建立在二次颗粒的基础上的。因此，如果在尝试提高这些材料的压实密度的时候，二次颗粒发生破碎，其所谓的包覆和梯度效果就完全失去意义了。即使是均匀的材料，二次颗粒被压散之后，内部的小颗粒分散出来，与黏结剂、导电剂的接触不紧密，进而引起极化，也会使电极性能变差。所以一般这类材料制备的极片的压实密度都在 3.6g/cm³ 以下。考虑到压实密度直接和体积能量密度相关，因此发展高压实的三元和二元材料也是含镍类材料的一个重要发展方向。

三、高电压磷酸盐材料

曾经，比亚迪宣称其 e6 电动汽车采用磷酸铁锰锂可以大幅提高电池能量密度，使电动汽车续航里程大幅增加，然而成本不增反降。此处的磷酸铁锰锂为 $LiFePO_4$ 和 $LiMnPO_4$ 所形成的固溶体。与 $LiFePO_4$ 一样具有橄榄石结构的 $LiMnPO_4$、$LiCoPO_4$ 和 $LiNiPO_4$，理论比容量都为 170 mA·h/g 左右，其相对于 Li^+/Li 的电极电势则分别为 4.1V、4.8V 和 5.1V。这三种材料中，$LiCoPO_4$、$LiNiPO_4$ 电极电势偏高，工作电压已经超出目前电解液体系的稳定电化学窗口，并且电子电导率极低。只有 $LiMnPO_4$ 具有较为理想的电极电势，位于现有电解液体系的稳定电化学窗口，高电势使得 $LiMnPO_4$ 具有潜在的高能量密度优点。然而由于 $LiMnPO_4$ 材料导电性极差，电子电导率小于 10^{-10} S/cm，远低于 $LiFePO_4$ 的 1.8×10^{-9} s/cm，锂离子的扩散系数仅为 5.1×10^{-14} cm²/S，合成能够可逆充放电的 $LiMnPO_4$ 非常困难，其发展应用受限制。因此，目前大多是将 $LiFePO_4$ 和 $LiMnPO_4$ 混合在一起，形成固溶体。Mn^{3+}/Mn^{2+} 电对具有的 4.1V 高电势正好可以弥补 Fe^{3+}/Fe^{2+} 相对于 Li^+/Li 的电极电势仅为 3.4 V 的缺点，同时铁取代部分锰之后，可以使材料的导电性得到一定程度的改善，而这种改善并不是简单的叠加取中间值，$LiFe_{0.45}Mn_{0.55}PO_4$ 的电子和离子导率要高于 $LiFePO_4$ 一个数量级。

$LiMn_xFe_{1-x}PO_4$ 材料中锰的含量对材料的电化学性能起到决定性的作用，在不明显影响其电化学性能的基础上尽量提高锰含量成为研究的重点。

随着锰含量的增加，材料容量减少，材料平均电压增高并呈一定线性趋势。综合得到的能量密度有所下降。其中 $LiMn_{0.8}Fe_{0.2}PO_4/C$ 材料平均电压可达 3.85V，其比容量具有较大的提升空间。

一个值得注意的问题是，当锰的含量提高时，由于导电性下降，为了保持一定的功率特性，对应的碳含量需要相应有所提高。碳含量的增加必然带来容量的下降，因此在这里需要找到一个平衡点，兼顾质量能量密度和体积能量密度。寻找具有高效碳包覆效果的工艺，严格控制工艺参数以保证产品的批次稳定性在磷酸锰铁锂材料生产中比在 $LiFePO_4$ 材料生产中的意义还要大。

四、高温型锰酸锂材料

尖晶石锰酸锂（$LiMn_2O_4$）正极材料从综合能量密度和成本角度看，具有很好的性价比，同时该材料对环境友好。但其循环性能较差，特别是高温循环性能差，所以其从被发现以来，一直在被研究改进。改善尖晶石 $LiMn_2O_4$ 材料性能的主要原理是抑制锰溶解、稳定材料的结构以及开发 $LiMn_2O_4$ 电池专用电解液。目前改善尖晶石 $LiMn_2O_4$ 材料性能的手段主要集中于掺杂、表面包覆以及制备具有特殊形貌的材料。

制备球形的 $LiMn_2O_4$ 颗粒是一个新的开发方向，因为球形颗粒具有体积能量密度大、流动性能好、加工性能好等优点。特别是 $LiMn_2O_4$ 正极材料，其球形颗粒具有低比表面积和各向同性的特点，能提高 $LiMn_2O_4$ 的循环性能。这是因为低比表面积能够减少材料与电解液的接触面积，从而抑制了锰的溶解；各向同性能够使材料整体受力均匀，缓解了材料在循环过程中发生的结构塌陷和材料的内应力，从而改善 $LiMn_2O_4$ 的循环性能。

第三节　未来正极材料的发展方向

上面讨论的是在近期产业化正极材料的发展趋势，但锂离子电池的发展面临着更大的挑战，特别是针对 USABC、EUCAR 和 NEDO 提出的长期目标，能量密度需要达到 300w·h/kg。目前基于传统的嵌脱锂离子的无机正极材料是无法达到这一指标的，需要新的反应机理和新的材料体系。

一、多锂化合物正极材料

锂离子电池的正极材料最初是硫的层状过渡金属化合物，后来为了提高工作电压，采用了氧化物。这些层状氧化物工作的基本原理是在过渡金属元素发生氧化还原反应的同时，锂离子脱出和嵌入晶格，氧化还原反应过程中转移的电子数和可迁移的锂离子数量相对应。如果材料中的锂离子能够完全脱出，其对应的比容量可以达到 270mA·h/g 甚至以上。但由于过渡金属的 d 轨道电子能量与氧的 p 轨道电子能量部分重合，所以当一部分锂脱出，即低能量轨道上的过渡金属 d 电子失去之后，进一步的氧化就会带来氧阴离子的氧化，使材料的结构不稳定。因此，在层状过渡金属氧化物正极材料中，每个分子对应的可脱出的锂离子总是小于 1，材料的比容量通常低于 200 mA·h/g。由此可知，想要提高材料的比容量，应提高可发生氧化还原反应的过渡金属离子数量，或者提高发生氧化还原反应的金属离子所对应的可转移电子数。

前一个策略导致了磷酸盐等聚阴离子化合物的出现。该策略通过提高材料结构的稳定性，使得几乎所有的过渡金属离子都可以被氧化，对应所有的锂离子都可以脱出，如 $LiFePO_4$ 材料中的锂离子可以完全脱出，得到结构相似的磷酸铁。但这类聚阴离子材料在稳定晶体结构、提高可发生氧化还原反应的过渡金属离子数量的同时，往往由于引入了较大、较重的稳定性结构基团，相对分子质量增大从而抵消甚至降低了比容量。硼酸盐由于相对分子质量较低，理论能量密度可以达到 200mA·h/g 及以上。其中硼酸铁锂（$LiFeBO_3$）材料实际的放电比容量已达到 200mA·h/g，并且有一定的循环稳定性，能量密度可以达到 500W·h/kg。但该材料对湿度很敏感，使用和储存都不方便。同时需要引入较多的导电碳，降低了能量密度。

后一个策略的应用以硅酸盐系锂盐为例。在正硅酸盐材料 Li_2MSiO_4 中，若金属元素 M 可以在 +2 ～ +4 价范围内可逆变化，就可以得到 2 个锂离子的脱嵌量，即实现材料的多电子交换反应，材料的理论比容量可达 330 mA·h/g 及以上。对 Li_2FeSiO_4 的研究表明，该体系中 Fe^{2+}/Fe^{3+} 的氧化还原电位在 3.1V 左右，而 Fe^{3+}/Fe^{4+} 的氧化还原电位在 4.7V 以上，因此在现有的电解液中，4.7V 的平台只有部分可以利用，所以材料对应的比容量为 200mA·h/g 左右。而研究工作者对 Li_2MnSiO_4 的研究却表明，利用 Mn^{2+}/Mn^{4+} 氧化还原对该材料可以实现大于 200 mA·h/g 的放电容量。但是 Li_2FeSiO_4 的循环性能却远胜于 Li_2MnSiO_4，因此人们仿照 $LiMn_{1-x}Fe_xPO_4$ 的做法，合成了 $Li_2Fe_xMn_{1-x}SiO_4$，但复合材料在拥有两者优点的同时，继承了两者的缺点。有研究人员还发现，通过合适的合成方法，可以合成含三个锂的硅酸盐材料 Li_3MSiO_4F，这为探索合成可逆嵌脱锂量大于 1 的正极材料提供了新希望。

二、利用氧离子的氧化还原

除了以上根据过渡金属离子的氧化还原机理进行合成，设计新材料的研究，近年来一个新的材料引起了科研工作人员的极大兴趣，这就是富锂层状氧化物材料，如富锂锰基固溶体即为这一类材料。虽然其在产业化的过程中还存在较多的问题需要解决，但这类材料接近 1000W·h/kg 的能量密度让研究者爱不释手。近年日本东京电机大学仿照 Li_2MnO_3，进一步提高每个金属原子对应的锂含量，利用 +5 价的铌（Nb^{5+}）构造了 Li_3NbO_4，发现尽管 Li_3NbO_4 本身电化学性能很差，但通过与层状的过渡金属氧化物进行复合，获得的富锂铌基固溶体材料类似于富锂锰基固溶体，可以释放比按金属离子完全氧化还原对应更多的锂离子，充放电比容量可以接近 300mA·h/g。尽管这一材料还不够稳定，循环中有明显的容量衰减，同时需要加入一定量的导电碳，并在高温下工作，这会使其实际应用可能性大打折扣，但这种富锂材料的出现再次说明了除了过渡金属离子的氧化还原，氧离子也可以在锂离子的嵌入与脱出材料晶格的过程中进行氧化和还原。当然从目前的研究结果来看，一定量的过渡金属元素的存在是必需的，否则被氧化的氧会变成氧气释放。利用这类材料构建的电池就像是目前的锂离子电池和锂空气电池的结合体：在正极材料的化学反应中，采用了氧的氧化还原，但又通过过渡金属元素来束缚住氧，不让其变成氧气。这样既利用了氧的氧化还原所带来的高容量，又避免了形成氧气所带来的种种弊端。可以说，这为开发设计新的锂离子电池正极材料提供了一个新方向。

三、锂硫电池

在过去 10 年时间里，锂硫电池受到了很大的关注。硫作为正极材料具有相对分子质量低、价格便宜、容量高和环境友好等优势。但硫电极的工作原理与传统的嵌入脱出型正极材料不一样，它是通过金属锂与硫的可逆化学反应来进行能量存储和释放的。锂和硫可以形成 Li_2S_8、Li_2S_6、Li_2S_5、Li_2S_4、Li_2S_2 和 Li_2S 等多种化合物。

按照硫完全转化为 Li_2S 来计算：

$$S_8+16Li \rightarrow 8Li_2S \tag{4-1}$$

其比容量可以达到 1 675mA·h/g。对应的平均电压为 2.1V，所以能量密度可以达到 2 500 W·h/kg 和 2 800W·h/L。这一能量密度值是目前锂离子电池正极材料的 3 ~ 5 倍，具有很大的优势。但锂硫电池在实际应用中还存在诸多问题需要解决。第一，硫和放电产物硫化锂的电导率都很低，因此需要加入大量的导电剂。简单复合导电碳和硫会在很大程度上降低材料的容量，而将硫嵌入导电聚合物则会带来较大的极化，降低电压和能量密度。将硫嵌入碳纳米管，可逆比容量可以达到 700mA·h/g，但循环性能较差。第二，多硫离子 S_n^{2-} 易溶于电解液，从而造成硫自电极上脱落进入电解液，并运动到锂负极上直接与其发生反应，生成的产物又有一部分可以扩散回正极，这样就形成了内部的"穿梭"，大大降低了电池的充放电效率。同时这一过程会生成不可溶的产物沉积在正负极表面，形成阻抗层，并随着循环的进行而增厚，增大电阻，降低容量。针对这些问题，有科研工作者利用多孔碳的 1D 或 3D 纳米结构，将硫熔融后利用毛细作用吸入这些纳米孔洞。碳的孔结构一方面将硫束缚在较小的空间里使其不易溶出，另一方面增大了材料的电导率，这样的复合材料的可能比容量将达到 1 300mA·h/g。

四、锂空气电池

锂空气电池采用空气中的氧气作为正极材料活性物质，电解液为非水体系时，其对应的化学反应方程式为

$$O_2+2Li^++2e^- \rightarrow Li_2O_2 \qquad (4-2)$$

其理论电压为 3V。根据反应式计算的理论能量密度为 3 505W·h/kg和 3 436 W·h/L。

电解液是水溶液时，其对应的化学反应方程式为

$$1/2O_2+2Li^++H_2O+2e^- \rightarrow 2LiOH \qquad (4-3)$$

其理论电压达到 3.2V。根据反应式计算的理论能量密度为 3 582 W·h/kg和 2 234W·h/L。

利用 O_2 为正极材料不是一个新概念，燃料电池和锌空气电池都是以氧的氧化还原为基础的。最早的锂空气电池理论在 20 世纪末就已提出，但直到几年后才证明其可逆性：放电的主要产物为 Li_2O_2，充电过程中的氧化产物为 O_2。

与锂硫电池一样，锂空气电池需要采用多孔碳或者多孔金属材料作为电极载体。但与锂硫电池不同的是，其反应中间产物 Li_2O 和 Li_2O_2 都不溶于电解液，所以锂空气电池中不存在穿梭效应。反应产物 Li_2O_2 会堵塞多孔电极的孔道。而且 Li_2O_2 在室温下的氧化需要催化剂才能以可察觉反应的方式进行。因此，在锂空气电池中，化学反应发生在气、液、固三相界面上。尽管被称为锂空气电池，但由于空气中的 H_2O 和 CO_2 都会与 Li^+ 发生反应，产生 LiOH 和 Li_2CO_3，而非 Li_2O_2，所以锂空气电池或者使用纯氧，或者用氧扩散膜覆盖在正极表面上，这层膜只允许氧气进入电极，而阻止 H_2O 和 CO_2 的进入，同时要求氧气通过这层膜时要有足够的速率以保证一定的电池电流密度。电解液是锂空气电池的一个主要部分，在氧的氧化还原过程中，电解液必须足够稳定，不发生分解，目前研究的有机碳酸盐和酯类化合物都有一定程度的分解。电流越大，极化越严重。锂空气电池的催化剂也存在问题，目前并没有很好的廉价催化剂。在水系锂空气电池中还涉及 LiOH 的除去和金属锂的保护问题，在设计和结构上更为复杂。

第四节　工业 4.0 在锂离子电池材料中的应用与发展趋势

一、工业 4.0 简介

近几年，国际上掀起了新一轮科技革命和产业变革的热潮，将物联网及其服务引入制造业将推动第四次工业革命的到来。面对一个新的工业时代，德国提出了"工业 4.0"，美国提出了"工业互联网"，我国提出了"中国制造 2025"，这三者的本质都是相同的，都指向同一个目标——智能生产。从传统工厂到智能工厂的演变标志着工业开始踏进工业 4.0 时代。

18 世纪末，纺织行业首先出现以蒸汽机为动力的纺织工厂，蒸汽驱动的机械设备的出现促进了手工业向机械化大工业的转变。蒸汽机的发明和应用拉开了第一次工业革命的序幕，标志着人类迈向工业 1.0 时代。

19 世纪 70 年代至 20 世纪初，以电力的广泛应用和内燃机的发明为主要标志的第二次工业革命促进了生产力的飞跃发展，社会面貌发生了翻天覆地的变化。工业大规模生产开始实现电气化和自动化，标志人类进入工业 2.0 时代。

20 世纪 40—50 年代，以原子能、电子计算机、空间技术和生物工程等领域的发明及其应用为标志的第三次工业革命再次极大地推动了生产力的发展，科技在生产力提升方面的作用越来越大。信息电子技术在工业上广泛应用，促进了电子信息自动化程度的不断提高，标志人类踏入了工业 3.0 时代。

随着信息技术和网络技术的不断发展，对信息通信技术和网络空间虚拟系统与信息物理系统相结合的手段的充分利用将使传统制造业向智能化转型。工业 4.0 将是以智能制造为主导的第四次工业革命，包括智能工厂、智能生产及智能物流。

智能生产是指企业的运营、研发、管理等宏观层面。

智能工厂是指生产过程的管控与数字化设备的网络化分布式实现，范围是车间，是具体的生产执行层。

智能工厂是一种高能效的工厂，它基于高科技的、适应性强的、符合人体工程学的生产线。智能工厂的目标是整合客户和业务合作伙伴，同时能够制造和组装定制产品。

未来的智能工厂很可能在生产效率和安全性方面具有更大的自主决策能力。工业 4.0 更多的是依靠智能机器进行工作并解释数据，而不是依靠人实时操作和管理人员经常性的介入。当然，人的因素仍然是制造工艺的核心，但人更多的是起到控制、编程和维护的作用，而不是在车间进行作业。生产工艺流程及故障的远程监控和诊断、产品的信息追踪将贯穿始终。

智能物流是工业 4.0 的核心组成部分，在工业 4.0 的智能工厂框架中，智能物流仓储位于后端，是连接制造端和客户端的核心环节。智能物流仓储系统具备对劳动力成本的节约、对租金成本的节约、管理效率的提升等优势，是降低社会仓储物流成本的优良解决方案。

二、工业 4.0 在锂离子电池材料中的应用现状与发展趋势

锂离子电池是当前移动式供电重要的能源之一，相比其他电池，锂离子电池体积小，容量大，电压稳定，可以循环使用，安全性好。随着生活、生产中锂离子电池应用越来越广，锂离子电池的需求量越来越大，同时一些高端设备对电池性能要求也越来越高，因此锂离子电池的产能和性能都需要不断提升。

工业 4.0 涉及诸多不同企业、部门和领域，是以不同速度发展的渐进性的过程，目前在锂离子电池行业仅处于起步阶段。未来，基于物联网的锂离子电池生产线的出现将使自动化程度进一步提高，大量的智能机械将用在锂离子电池生产线上，生产过程中，人的参与逐渐减少，最终形成一个以智能机械生产为主的智能工厂。

未来的锂电智能工厂需要把硬件、软件、咨询系统整合起来，形成有"智慧制造"属性的智能生产线。锂离子电池材料制造工厂现场层将会有大量的控制器、传感器，并通过有线和无线传感网架构进行串联，将实时产生的生产数据传输至上层制造管理系统。结合物联网的构架，将工厂的信息汇总到信息物理系统（CPS）。

工厂能够通过 CPS 建立一个完整的网络系统，网络系统包括相互连接的智能机械、仓储系统及高效的产品设备等，其中大量运用了嵌入式工业计算机和网络对生产过程进行监测和控制。这些设备既可以独立运转，完

成某个工艺的生产；又可以根据产品生产需求不同，互相交换信息、联锁运行，完成更为复杂的工艺生产流程。

当客户订单指定某种锂离子电池材料时，指令传达到CPS，CPS就根据工厂采集的信息分析计算，根据产品规格、特性和需求量确定相应的工艺及生产流程，并分配相应的生产线，然后调动原料仓储系统自主地进行生产。产品生产完后，自动打包进入成品仓储系统。

在未来的锂离子电池材料智能工厂中，普通的员工数量将大大减少，企业的劳动力成本将大大降低。但是负责CPS维护方面的工程师将更为重要。设备正常生产时，普通工人只起到监控作用，发现异常情况时，根据设备上人机画面的提示进行处理。若情况复杂，需立即联系CPS工程师到现场进行处理。

锂离子电池材料工厂的核心——工艺研发人员将能够把更多的精力投入到新的工艺研发中。正常生产制作过程中需要监控的相关数据都由智能系统来完成，产生的结果自动汇总给CPS，生成各种图文报表，整个生产过程都是可视化的，工艺研发人员需要的仅是从监控系统调取数据，利用这些数据进行分析处理。

我国锂电材料行业的生产企业大部分还处于工业2.0或工业3.0的初级阶段，离工业4.0还有很大一段距离。锂电材料行业生产企业从工业2.0到4.0的跨越式发展面临许多技术上和管理上的挑战。好在对于新能源企业，无论是国家还是这个行业本身都已给予特别的重视和关注，锂电材料生产企业都在为达到工业4.0的要求而努力。例如，江苏南大紫金科技集团有限公司是为锂电材料生产提供自动化生产线的企业，虽然目前他们的生产线已有使锂电材料的生产达到智能化、自动化的能力，但是为了达到工业4.0的要求，还在为上下游两个环节做衔接和协调工作：向上参与锂电行业新型材料的研发，并为预期的新型锂电材料设计和制造出有针对性的、个性化的、能将信息化和智能物流结合起来的新生产线；向下是协调和扶持设备供应商。由于自动化生产线是由几十台设备组成的，其中一些设备由第三方企业提供，这些设备往往是独立的，本身就是一个小的自动化体系，而且这些小体系性状各不相同，智能化程度有高有低。因此，作为自动化生产线的集成供应商，在自己达到工业4.0要求的同时要协调和扶持设备供应商达到工业4.0的要求。

工业4.0的核心是建立消费者和生产者之间的联系。在锂电材料生产行业中客户的订单往往会附带各种信息，生产厂家要会处理这些信息，通过信息处理发现客户的真正要求、个性偏好、个性特点，这些最终都要在为客户提供的产品上得到反映。因此，工业生产将转向个性化定制性生产。例如，航空锂离子电池便有别于其他民用锂离子电池产品，大部分民用锂离子电池只有 -10 ～ +40℃ 的使用要求，航空锂离子电池必须能适应 -40 ～ +60℃ 或更高要求的温度范围。而且这种温度变化的速率是非常快的。在高空极低的温度下，锂离子电池内的化学反应会变得迟缓，而温度剧变又会影响锂离子电池的电芯导电性和物质活性。放电电流变化剧烈，甚至会导致电池的可用容量降低。因为企业获得的订单是航空锂离子电池厂家发过来的，所以必须针对这个个性进行特别定制，还必须对这个定制产品所制成的电池进行长期信息跟踪，甚至需要知道这批电池应用在什么样的飞机上。而对于自动化生产线的集成供应商，应该针对这种个性化的要求，设计并集成出满足这种个性化、高品质材料要求的特别的生产线和产品追踪方案。

三、锂离子电池材料制造工业4.0未来发展路线图

工业4.0的推进将会给各行各业带来巨大的影响。工业4.0意味着一个新时代的来临，这不是依靠某个公司就能够实现的，需要各类公司进行合作，共同研发创新。电池制造行业要步入工业4.0，需要国内外锂离子电池设备公司投入大量资源，进行智能化生产线的研发。常州白利锂电智慧工厂有限公司率先和德国西门子公司达成合作意向，共同打造工业4.0第一代锂离子电池智能生产线。

对于设备制造商来说，第一要进行的是智能设备硬件方面的研发。设备要配置更先进的信息传感系统、嵌入式系统，从而具备感知、分析、计算、通信等基本智能。锂离子电池材料生产是一个复杂的过程，不仅需要固定式的智能化设备，还需要移动式的智能化设备，以实现动态监控及处理复杂工艺环节的功能。工业自动化尖端科技——工业机器人在锂电行业中必不可少。设备厂家也必须投入大量精力，针对锂电行业工业机器人进行研发。

第二是软件方面的研发。软件方面的研发大致分为两类：一类是嵌入

式软件的开发，用于硬件设备的嵌入式系统，使得智能设备具备控制、监测、管理、自动运行等功能，满足工业 4.0 生产设备的应用需求；另一类是对生产制造进行业务管理的、各种工业领域专用的工程软件的研发，如制造管理系统（MES）、企业管理系统（ERP）等，满足工业 4.0 生产管理的需求。

数据中心可以理解为工业 4.0 信息物理管理系统（CPS），它把整个企业的经营管理、生产制造等所有软硬件整合起来，实现生产的智能化。通过远程数据通信方式，将分布在不同现场的设备信息，传输汇总到制造商数据监控中心，通过数据中心软件分析、诊断设备运行状态和故障情况，在联网的基础上实现远程监控、远程诊断及维护。

数据中心可以通过与 ERP 的对接，得到订单的具体信息，再通过 WinCC 的生产批次控制和配方集中管理系统，对各个工厂统一调度，进行生产。在生产过程中，通过绑定电子标签进行跟踪，实现对产品质量的控制。将产品的标签信息存入数据中心，数据中心从而知道每件产品的走向流程信息，进而实现物流智能化管理。智能化物流可以降低库存，减少存储面积、存储成本及出错风险，同时降低物流作业负荷、减少物流人数，从而降低物流成本。

随着智能工厂的发展，嵌入式智能设备越来越多，企业管理系统日趋精细，将会实时产生大量复杂的数据信息。传统的数据库系统已经不能够满足海量数据存储、查询、分析功能的需求，云存储和云计算将是未来的发展趋势。大数据上传到云端，云端大数据的查询分析要求的及时性对网络高速率传输提出了更高的要求。相对应的，网络的安全性和可靠性也要进一步提高。

随着工业 4.0 的推进，工厂越来越智能化，员工的工作重心也将发生重大的变化。越来越多导向性的控制会让员工的工作内容、工作流程、工作环境发生改变，员工需要了解更多关于自动化及网络控制的知识。企业应实施合适的培训策略，组织员工积极学习，让员工更好地适应未来智能化生产作业的需求。

第五章　高电压电解液添加剂

第一节　有机溶剂与电解质锂盐

锂离子电池所使用的电解液是由锂盐、质子惰性有机溶剂和功能添加剂组成的液态电解质，被誉为锂离子电池的血液。锂离子电池的容量发挥、循环稳定性、安全性能与电解液的性质息息相关。通常，锂离子所使用的电池电解液需要满足如下几点要求：①具有宽的电化学窗口，避免在电池工作电压范围内所使用的电解液在正负极表面发生氧化还原反应；②具有较高的离子电导率（σ），通常要求达到 $1 \sim 10$ms/cm；③化学稳定性好，不与隔膜、集流体等电池组件发生反应；④具有大的温度范围，良好的安全性能、生物降解性，低毒。

当前，商品化锂离子电池使用的电解液主要由有机溶剂以及溶解在其中的电解质锂盐组成。锂离子电池工作电压远远超过水分解的电压，因此水系电解液不能满足其使用要求。理想的有机溶剂需满足如下要求：①较低的黏度（η），有利于离子的传输；②在相当大的温度范围下为液态，沸点（T_m）高，熔点（T_b）低；③高的介电常数（ε），足够的极性使其能够充分溶解并电离锂盐；④在较大的电压范围内保持电化学惰性；⑤闪点（T_f）高，无毒。

一、有机溶剂

满足上述要求并且商业化应用的有机溶剂主要包括线性碳酸酯、环状碳酸酯、线性羧酸酯和醚类。常见线性碳酸酯有碳酸二甲酯（DMC）、碳酸二乙酯（DEC）和碳酸甲乙酯（EMC）；碳酸乙烯酯（EC）、碳酸丙烯酯（PC）和 γ- 丁内酯（γ-BL）为常见的环状碳酸酯。从表 5-1 中的理化数据可知，尽管 EC 介电常数高达 89.78（25℃），甚至超过水的介电常数 [78.36（25℃）]，但是 EC 熔点较高，黏度大，在常温下为固态，因此其无法单独用作电解液溶剂。链状碳酸酯的介电常数较低、熔点低、黏度小，但当其单独作为电解液溶剂时，无法有效溶解锂盐，会导致电解液电导率低。20 世纪末，有学者将 DMC 和 EC 混合物作为溶剂时发现两者能够任意比例共混。

表 5-1　常见碳酸酯类有机溶剂的理化性质

溶　剂	DMC	DEC	EMC	EC	PC
熔点 /℃	4.6	−74.3	−53	36.4	−48.8
闪点 /℃	18	33	23	160	132
介电常数（25℃）	3.107	2.805	2.958	89.78	64.92
黏度（25℃）	0.59（20℃）	0.75	0.65	1.90（40℃）	2.50

自此，以 EC 为基础的二元或者三元混合溶剂相继用作商业化锂离子电池电解液溶剂。代表性二元体系有 EC/DEC、EC/EMC，代表性三元体系有 EC/DMC/EMC、EC/EMC/DEC 和 EC/PC/DEC 等。这些混合溶剂体系具有锂盐溶解性好、电解液电导率高、可在正负极稳定成膜等特点。

二、电解质锂盐

锂盐是电解液中另一种重要组分。尽管锂盐种类繁多，但是真正能够用于锂离子电池的却较少。优异的电解质锂盐需要具备如下性质。

（1）高的热稳定性及化学稳定性。

（2）能够在溶剂中形成迁移率高的完全溶剂化的锂离子。

（3）可钝化正极集流体铝箔，防止集流体溶解。

（4）阴离子具有高的化学稳定性且不与电池组件反应。

（5）成本低廉，无毒无公害。

能够满足上述条件的锂盐很少，简单锂盐（如 LiF、LiCl、Li_2O、Li_2S

等）溶解度较低，不能满足使用要求。六氟磷酸阴离子 PF_6^- 可视为路易斯酸核心 PF_5 和 F^- 组成的复杂阴离子。此类阴离子被称为超酸阴离子，其中的负电荷被具有强吸电子能力的路易斯酸基团 F^- 吸引，因而在溶剂中具有较高的溶解度。锂盐在溶剂中溶解后形成的电解液中离子的迁移分为以下两个过程：锂盐的溶剂化/解离和电解液中锂离子的流动。锂盐的流动性和解离常数为两个相悖的指标。因此，锂盐的选择通常是折中的结果。

长期以来，人们研究较多的锂盐主要为无机锂盐四氟硼酸锂（$LiBF_4$）、高氯酸锂（$LiClO_4$）、六氟砷酸锂（$LiAsF_6$）、六氟磷酸锂（$LiPF_6$），有机锂盐双三氟甲基磺酰亚胺锂（LiTFSI）、双氟磺酰亚胺锂（LiFSI）、双草酸硼酸锂（LiBOB）等。迄今为止，锂离子电池电解液锂盐中实现商业化应用的仅有 $LiPF_6$，该盐在以碳酸酯基为溶剂的锂电池电解液中具有相对最优的综合性能。

第二节　三元正极材料高电压电解液添加剂

三元正极材料在充放电循环过程中，特别是在高电压下，活性物质与电解液之间存在较为严重的界面副反应。商业化锂离子电池使用的电解质锂盐均为 $LiPF_6$，它对电解液制备过程中存在的痕量水十分敏感。锂盐与水发生一系列反应生成 HF 和 POF_3 等强路易斯酸。此类强酸会促使电解液碳酸酯类溶剂在活性物质表面发生分解，生成一系列无机和有机锂盐（LiF、ROCOOLi 和 Li_2CO_3 等）。生成的无机及有机锂盐会导致电池电极与电解液间的界面阻抗急剧增大，此现象在高电压下尤为突出。因此，锂离子电池正极与电解液界面层性质一定程度上决定着整个电池的容量、寿命以及安全性能。

几十年来，人们开展了大量针对正极与电解液界面层的研究。早在 20 世纪 80 年代就有研究指出正极材料表面与电解液之间存在界面层。之后，人们进行了大量工作试图追溯界面层来源及其具体组成。界面层物质的具体组成与电池体系所使用的电解液相关。例如，在以 $LiClO_4$ 为锂盐，PC 为溶剂组成的电解液中，主要分解产物为 Li_2CO_3。而在以 $LiPF_6$ 为锂盐，EC 和 DMC 为溶剂组成的电解液中，分解产物则主要为含 P、O 和 F 的化合物。有研究指出，在不同测试温度、测试时间以及放电态下，正极材料表面的电解液分解产物均由聚碳酸酯、LiF、Li_xPF_y 和 $Li_xPF_yO_z$ 组成。材料表面附着的电解液分解产物阻碍了锂离子在活性物质表面的迁移，使界面阻抗激增，电池电化学性能恶化。原位检测技术（XPS、XAS 等）的飞速发展也极大地推动了电极与电解液界面层结构及组成的研究，此类技术有效避免了导电炭黑和黏结剂对正极材料电解液界面层组成测定的干扰。界面层研究给锂离子电池电解液的合成及筛选提供了理论依据以及实验指导。电解液在高电压下保持良好的稳定性是保障电池性能稳定发挥的重要条件。一方面可使用比有机碳酸酯更加稳定的溶剂，从根本上扩大电解液的氧化窗口，保证电解液即使在高电压状态也不发生分解。另一方面，可通过加入适量的功能电解液添加剂改善其稳定性。该类添加剂的特点在于优先于有机溶剂发生分解反应，反应产物覆盖在材料表面形成稳定的 SEI 膜，抑制材料与电解液之间的副反应，进而改善材料高电压下的电化学性能。

高电压电解液添加剂大致可分为无机添加剂和有机添加剂两类。按照化学组成可分为含磷类、含硼类、锂盐类、含硫类、腈类等。添加剂的共同作用机理在于减少正极材料表面的氧化活性位点，降低电解液分解速度与分解量，提高电解液稳定性。

一、含磷类

针对含磷类电解液添加剂的研究工作较多。最初，含磷有机物主要用作电解液阻燃共溶剂。随后，人们发现特定的不饱和含磷有机物可以稳定电极与电解液间的界面，减少电解液分解。

有学者受三（三甲基硅脂）磷酸酯（TMSPa）可通过形成 P—O—Mg 键在 AZ31 镁合金表面形成稳定表面膜的启发，将 TMSPa 用作新型高电压电解液添加剂。计算发现，TMSPa 的最高已占轨道（HOMO）能和最低未占据轨道（LUMO）能分别为 –7.649 7eV 和 0.237 8eV，其 HOMO 能均大于 EC 和 EMC 的 HOMO 能，因此 TMSPa 在高电压下会优先分解。

TMSPa 在氧化分解时，其 P—O 键断裂形成自由基 A 和 B，电解液溶剂 EC 与 B 发生自由基中止反应生成烷基锂盐，自由基 A 则继续聚合参与正极表面成膜，能够减少高电压下正极材料表面电解液分解产物的累积，降低活性物质与电解液间的界面阻抗。除此之外，TMSPa 可清除电解液中产生的微量 HF，进而改善三元材料的高电压性能。

相较于 TMSPa，具有不饱和磷结构的三（三甲基硅烷）亚磷酸酯（TMSPi）更易氧化，因此其拥有更好的成膜性能。总结该添加剂在富锂正极材料中的作用机理包括以下四个方面。

（1）三价磷容易被氧化，消耗富锂材料充电过程中释放的氧气。

（2）基团中中心原子 Si 与 P 有较高的亲电性，与 O⁻ 强烈键合后可降低锂氧化物的化学活性。

（3）TMSPi 在较低电压下分解，材料表面产生保护膜。

（4）硅基醚（O—Si—C）可清除产生的 HF，抑制其对材料的腐蚀以及过渡金属元素的溶出。

在 Li_2O 亲核取代反应第一阶段中，存在着由亲电子核心 P 和 Si 决定的两种不同的反应路径。但这两种反应均产生中间体和三甲基硅醇锂。在亲核反应的第二阶段，终产物类型则由反应路径决定：若 Li_2O 直接攻击亲电子核心 P，经取代及消除反应后的主要产物为亚磷酸锂和三甲基硅醇锂；若 Li_2O 直接攻击亲电子核心 Si，硅基醚与亚磷酸锂为主要产物。

TMSPi 中烷基亚磷酸基团阻止了电解液中溶剂的电化学分解，甲硅烷基醚官能团则负责清除氟离子，基于两功能基团的协同作用显著提高了活性物质与电解液间的界面稳定性。

进一步研究发现，TMSPi 中 O—Si 键与 HF 的反应占据主导地位，PO_3 类物质的 HF 清除能力可保持至添加剂分子中所有 O—Si 键断裂，Si 原子存在的吸电子基团可稳定 O—P 键。基于此，若使用给电子基团取代 TMSPi 中的甲基集团，则可完全发挥 O—Si 键断裂作用，即最大限度地清除电解液中的 HF。结合理论计算与实验研究工作可知，TMSPi 用作锂离子电池电解液添加剂时，其对 HF 的清除作用主要来自 Si—O 键，该化学键断裂后生成氧化稳定性较低的 PO_3 类物质优先在正极表面成膜。

除上述两种添加剂外，含磷类添加剂的研究多以磷原子为中心，在 P—O 键基础之上不断变换取代基种类。比较—CH_3 取代（TMP）和—CH_2CF_3 取代（TTFP）的含磷添加剂对三元正极材料高电压性能的影响发现，锂离子在磷酸三乙酯（TMP）所形成的保护膜中扩散速率较慢。—CH_2CF_3 取代优势在于可大幅度提高正极电解质界面（CEI）膜的电导率，阻止低价磷继续氧化成高价磷，有利于锂离子解离。乙烯基取代含磷添加剂如磷酸三丙烯（TAP）在低电位处即可优先于 EC 发生电化学交联反应，改善膜结构，减少气体产生。苯基取代添加剂三苯基膦（TPP）可稳定成膜，但其离子导电性欠佳，结合 TMP 可增强电导率。总体而言，TMSPa 与 TMSPi 是研究较为系统的两种含磷添加剂，但这两种添加剂对石墨负极兼容性有待提高。碳酸亚乙烯酯（VC）与 TMSPi 复合添加剂具有良好的协同效应，因此二元及多元复合是含磷类添加剂将来十分重要的发展方向。

将三苯基氧化膦（TPPO）用作 NCM811/ 石墨全电池添加剂，全电池首次效率、可逆比容量和循环稳定性显著升高。TPPO 同时参与正负极表面成膜反应，减少循环过程中活性锂的流失。线性循环伏安测试结果表明，TPPO 加入后电解液的氧化电位降低。在 TPPO 分子中，磷原子表现出最高的氧化态，因此苯基基团和 P—C 键的电化学氧化引起电流值上升。由于电解液稳定性降低，TPPO 将在 CEI 膜形成的过程中优先发生氧化分解。循环伏安测试发现，在基础电解液中加入 TPPO 会导致电解液还原的起始电位升高，表明 TPPO 的还原分解先于电解液溶剂分子，并在后续过程中抑制溶剂的还原分解。在此基础之上，比较常用添加剂在 NCM811/ 石墨全电池中的使用效果，根据添加剂的摩尔质量可知，TPPO 在电解液中的质量摩尔浓度最低（表 5-2）。

表 5-2　添加剂相对分子质量及质量摩尔浓度（每千克基础电解液中添加剂物质的量）

添加剂	摩尔质量 /g·mol^{-1}	质量摩尔浓度 /mol·kg^{-1}
VC	86.05	0.058
DPC	214.22	0.023
TPP	262.29	0.019
TPPO	278.28	0.018

二、含硼类

含硼类添加剂与含磷类添加剂的区别在于其具有缺电子硼中心，可作为阴离子受体与 PF_6^- 或 F^- 络合，进而提高锂离子迁移数和锂盐解离度。研究三元正极材料 $LiNi_{0.5}Co_{0.2}Mn_{0.3}O_2$/ 石墨全电池的高电压性能发现，添加三（三甲基硅脂）硼酸酯（TMSB）后，正极材料表面 LiF 含量大幅降低的同时锂盐解离度增加，全电池在高电压下的循环稳定性大幅提高。基于添加剂 TMSB 的作用机理，研究认为 TMSB 是一种良好的成膜添加剂，其在较低电压下即可在正极材料表面氧化分解形成 CEI 膜，阻止溶剂分解，进而改善正极材料高电压电化学性能。但第一性原理计算结果表明 TMSB 即使在阳离子态下也极难分解。

TMSB 添加剂可通过 B—O 键或 O—Si 键断裂发生分解反应。计算发现，两种途径分解反应能量为正值，表明 TMSB 分解为吸热反应，因此该添加剂的作用机理是与电解液中其他物质反应在正极材料表面成膜。B—O 键和 O—Si 键的断裂能分别为 –44.8kJ/mol（–10.7kcal/mol）和 –69.5kJ/mol（–16.6kcal/mol），因此 O—Si 键断裂与 HF 反应可能性更大，生成 $[(CH_3)_3SiO]_2BOH$ 和（CH_3）$_3SiF$。阳离子 $TMSB^+$ 与 HF 反应也从 Si—O 键断裂开始，最终生成 $\{[(CH_3)_3SiO]_2BOH\}^+$ 和（CH_3）$_3SiF$。针对 TMSB、四（三甲基硅氧基）钛（TMST）、四（三甲基硅氧基）铝（TMSA）三种添加剂的研究发现，无论是半电池还是全电池，这些添加剂均能够改善其高电压电化学性能。以金属 Al 和 Ti 为核心的添加剂在化成过程中分解参与生成正极电解质界面膜，TMSB 则主要与电解液副产物发生反应。因此，TMSB 在有机电解液中是一种阴离子受体添加剂，而非成膜添加剂。但在水系锂离子电池中，TMSB 在以 LiTFSI 为锂盐的水系电解液中可参与正极界面成膜反应，抑制高电位下的析氧现象。

三甲氧基环硼氧烷（TMOBX）作为添加剂可显著降低电池阻抗，与VC 联用时可大幅改善电池性能。研究表明，TMOBX 不利于碳负极性能发挥，但能够有效减少正极阻抗。在以 $LiCoO_2$、NCM111、NCA 三种不同材料为正极的全电池测试中，添加 TMOBX 加剧了高温下电解液氧化以及穿梭反应速度，但其本身在首次充放电过程中并未发生氧化，说明

TMOBX 在正极材料表面可以稳定存在，其在低添加浓度下可有效地降低阻抗增加值。

吡啶三氟化硼（PBF）含有—BF$_3$和—Py 两种活性基团。前一种为路易斯酸，可作为阴离子受体溶解 LiF；后一种可与电解液中的 Mn 配位，同时可中和电解液中的酸性物质，如 HF、CO$_2$ 和 PF$_5$ 等。针对 PBF 添加剂，更多研究集中于以其为基础的多组分添加剂，如甲烷二磺酸亚甲酯（MMDS）/PBF。

三、锂盐类

当前，商业化电解液所使用的锂盐依然为 LiPF$_6$，其他多数锂盐只被作为添加剂使用。硼基锂盐是研究较广泛的一类锂盐添加剂。21 世纪初，对含硼类锂盐添加剂的研究逐渐兴起，将 LiBOB 添加剂应用于 NCA/ 石墨全电池发现，加入 2%（质量分数）的 LiBOB 就足以在石墨表面形成稳定的 SEI 膜，阻止石墨剥离；全电池在含添加剂电解液中的库伦效率与基础电解液相当，石墨负极的热稳定性增强，NCA 正极的氧气释放温度更高。该添加剂在富锂锰基材料中也表现出较好的效果，在高温下的循环稳定性有长足的进步，大倍率下的放电比容量增大，开路电压保持较高的水平。LiBOB 可抑制充电过程中生成 Li$_2$O，减少过渡金属元素溶出，抑制碳酸酯类溶剂的氧化分解。

作为 LiBF$_4$ 和 LiBOB 的杂化锂盐，双氟草酸硼酸锂（LiDFOB）成为一种应用前景可期的正极材料电解液添加剂。LiDFOB 兼具良好的成膜性能以及低温性能，因此是一种优良的集流体阻蚀添加剂，阻蚀效果强于 LiBF$_4$、LiPF$_6$ 以及 LiBOB，在电池化成时其优先在正极表面形成钝化膜（含有 Al—F、B—O/B—F 和 Al$_2$O$_3$）。通常，LiDFOB 可有效改善充电态正极与电解液之间的界面化学性质。在一定电压下，LiDFOB 氧化分解成自由基，自由基通过自聚合生成多聚合物质覆盖在正极材料表面形成稳定的 SEI 膜，同时可消除电解液中存在的 HF 和 H$_2$O，从而达到抑制充放电过程中正极材料中过渡金属元素溶解、高电压下溶剂分解的目的。

电解质锂盐 LiPF$_6$ 水解产生有害磷酸衍生物 H（PO$_2$F$_2$），同时生成 Li$_x$POF$_y$ 类化合物、二甲基氟磷酸盐、二乙基氟磷酸盐等多种有益中间体。双氟代磷酸锂（LiPO$_2$F$_2$）具有与 Li$_x$POF$_y$ 类似的结构，将其应用在 LiPF$_6$

为锂盐的电解液中可抑制锂盐水解以及 H（PO_2F_2）生成，进而扩大电解液的电化学稳定窗口。

对于兼具高比容量和良好结构稳定性的 NCM523 材料，$LiPO_2F_2$ 添加剂在高电压下也展现出优异的效果。研究发现，半电池首次效率明显提升，NCM523 材料在高温下依然维持较高的放电比容量。通过理论计算和综合表征发现，正极材料表面形成稳定的添加剂分解薄膜。

氟代酰亚胺锂盐中关于 LiTFSI 和 LiFSI 的研究较多，后者溶解度更高，但热稳定性能欠佳。尽管这两种添加剂对石墨负极的兼容性较好，但是在电压大于 3.5V 时，铝集流体腐蚀严重，因此不适用于三元正极材料。

四、含硫类

可用作电解液溶剂和添加剂的含硫类有机物主要包括硫化物、亚砜、砜、硫酸盐和磺酸盐等。其中，砜与特定溶剂搭配后可作为高电压溶剂使用，硫酸盐和磺酸内酯大多数时候作为添加剂使用。三元材料中研究较多的添加剂包括 1，3- 丙烷磺酸内酯（PS）、1，3- 丙烯磺酸内酯（PES）、二乙烯砜（DVC）和 MMDS 等。

PS 可以优化负极 SEI 膜组分，改善负极与电解液的兼容性。这一方面归因于 PS 还原产物组成的钝化层极性较强，其在负极表面附着力好，不易脱落。另一方面，PS 优异的空间结构有利于锂离子传输。有学者在研究高镍三元正极材料 NCM622 时发现，在电解液中添加 2% PS 可以显著提升其高温循环稳定性，循环后软包电池厚度增量最少（17.9%），循环过程产气最少，电池内压为 56.4kPa。红外光谱结果分析表明，在 2% PS 的情况下，正极材料表面覆盖含有烷基砜成分的 CEI 膜（RSOSR 和 RSO_2SR），表明 PS 发生了氧化分解。

相较于 PS，PES 在五元环内增加一个双键，因此更易被还原。理论计算显示，PES 氧化电位约为 6.7V，但是在实际使用过程中其在 4.7V 时就会发生分解反应，这归因于正极材料表面所生成的岩盐相的催化作用。

通常，气相 H_2 和 O_2 分子间键断裂活化能较大，因此在常温下都十分稳定。但是当两气体分子间的键断裂时，在过渡金属或金属氧化物表面能够很快完成吸附反应，几乎不存在能垒。这是由于表面催化位点存在混合的双原子 σ 成键轨道和空的 d 轨道。类似地，S1a 自发失去两个氧原子生成 TS1a 需克服较大的能垒，该过程为发生在正极材料表面的反应的典型代表。分子内的系列反应步骤生成四元环（MS3b），之后继续裂解成羰基硫化物和乙烯阳离子。乙烯阳离子与溶液中其他物质反应捕获电子生成乙烯气体，这是 PES 分解产气的原因。尽管计算表明反应路径 B 活化能较高，但在相同活化能条件下，受正极材料表面催化作用的分子内开环和闭环反应发生速度更快。过渡态能量降低，但不会影响由 S1 到 MS4b 的整体自由能变化趋势。路径 A 与 B 也较好地解释了含有 PES 添加剂的电解液在循环过程中产生羰基硫化物和乙烯气体的具体原因。

在 NCM111/ 石墨软包电池测试过程中，PES 在 4.27V 处即被氧化，其产物迁移扩散至负极后被还原，负极 SEI 膜阻抗迅速增加。通常，PES 在负极经过两个单电子还原步骤。

DVC 同时含有砜官能团和乙烯基，前者为材料表面钝化膜的主要成分；后者通过层叠式聚合反应形成三维交联网络结构，增加材料的整体机械强度。DVS 电化学氧化反应机理包含两个过程：乙烯基电化学氧化后生成正离子自由基中间体和自由基间的偶联反应（图 5-1）。根据不同的自由基位置（C-1 位置和 C-2 位置）可形成两种不同的共振结构，原子自旋密度计算显示，DVS$^+$ 中自由基位置为 C-1。路径 1 为 C-1 位置上自由基聚合放热反应，与路径 2 和路径 3 相比较，其总反应焓变绝对值最大。此外，路径 1 形成的碳碳单键结构的中间产物具有较小的空间位阻更有利于反应的持续进行，最终在富镍三元材料表面生成包含聚烯烃和砜基的 CEI 膜。

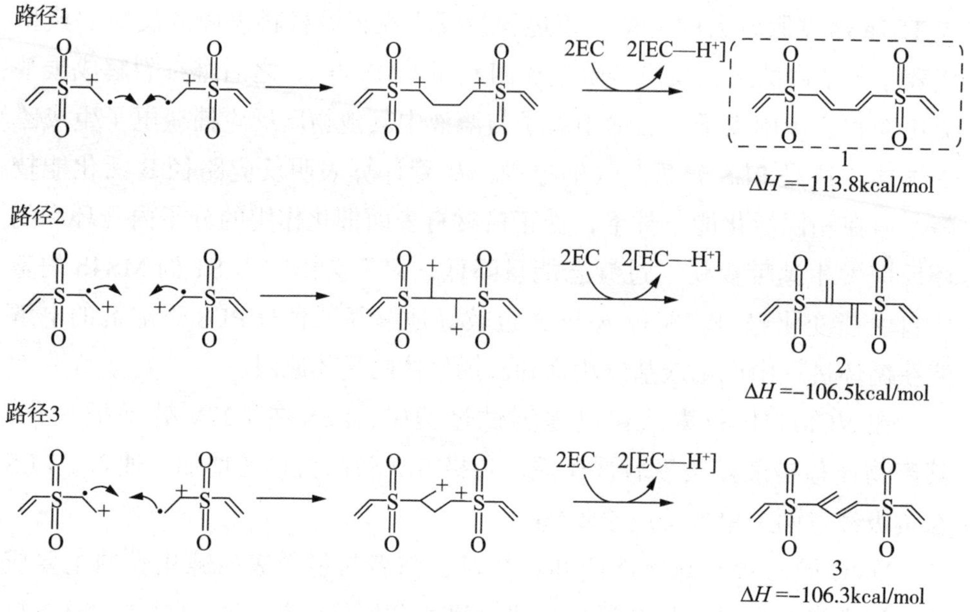

路径1

路径2

路径3

（注：1cal=4.185 8J）

图5-1　DVS电化学氧化反应机理

MMDS 结构中有更多的—SO_3基团，比较 PS 和 MMDS 与 VC 的协同作用效果，发现两添加剂均可减少电池在储存过程中的寄生反应，如电解液氧化，还可降低循环过程中的电化学阻抗。通过半电池测试发现，MMDS 主要作用于正极材料表面，电池效率高于 PS 添加剂。

五、腈类

腈类有机物具有介电常数高、黏度低和电导率高等优点，同时存在电化学窗口较窄和还原稳定性欠佳等缺点。在固体聚合物电解质中，丁二腈（SN）常用作增塑剂来增强离子电导率和极性。此外，SN 作为配体还可与金属形成稳定复杂的配合物。基于此，用 SN 热稳定添加剂来改善 $LiCoO_2$/石墨全电池的性能。SN 中的腈官能团（—CN）与正极材料表面的钴元素能够通过键合作用抑制副反应的发生，同时保证电荷的稳定传输。SN 虽然无法改变 $LiCoO_2$ 材料本体的电荷分布，但是可以降低材料表面正电荷的密度。此时过渡金属元素的催化氧化活性显著减弱。添加 SN 后，全电池高温下产气量明显降低，放热反应起始温度升高的同时放热量减少。SN 在富锂锰基材料中也有较好的改良效果。加入 SN 后基础电解液的电化学窗口变宽，在 5.4V 时才开始出现氧化峰。量化计算显示，SN 的 HOMO

能和 LUMO 能均低于溶剂 EC 和 DEC，由此说明 SN 可接受电子使氧化电位变得更高。常规电压（2.8 ～ 4.2V）下 NCM111/ 石墨全电池的循环性能和储存性能不受腈类添加剂的影响，但当电压升高至 4.5V 时，添加 2%（质量分数）的 SN 和 2%（质量分数）的 VC 可减少 NCM442/ 石墨全电池的不可逆容量损失和产气量，并导致储存过程阻抗的快速增长。

反丁烯二腈（FN）可改善 LiCoO$_2$ 高电压性能，同时能抑制充电态下严重的自放电现象。与 SN 类似，钴元素与 FN 的结合能力大于碳酸酯溶剂。除此之外，FN 在低电位下优先氧化分解成膜抑制副反应的发生。FN 可在材料表面富集。充电状态下，正极材料中 Co^{3+} 被氧化成 Co^{4+}，由于其与 FN 结合能最大，所以更有利于 FN 的分解。FN 的分解通过打开其中一个碳碳双键进行，此过程不产生任何气体以及酸性物质，生成的自由基进一步在正极材料表面均匀聚合成膜。

在腈类添加剂中引入其他官能团可以进一步改善其适用范围。己二异氰酸酯（HDI）引入异氰酸后，其在 4.6V 时可在 NCM111 表面原位形成 CEI 膜，电池循环稳定性以及倍率性能均有提升。

第三节　PTSI 添加剂作用机理

对甲苯磺酰异氰酸酯（PTSI）是化工行业中常用的脱水剂，作为一种成膜添加剂，其在常规电压 LiMn$_2$O$_4$ 正极材料以及钛酸锂负极材料中都有应用。但是，三元正极材料表面的电荷分布以及不同价态的金属离子都使得添加剂在成膜时会表现出不同的反应历程。将 PTSI 用作三元正极材料特别是高电压电解液添加剂未见报道。明晰 PTSI 在三元正极材料充放电过程中的详细作用机理有助于进一步了解多种官能团在添加剂性能发挥中的协同作用。

一、PTSI 氧化窗口

成膜添加剂的作用机理主要在于其优先于溶剂在较低电位下发生氧化分解，进而在材料表面均匀成膜。半电池组装以三元 LiNi$_{0.5}$Co$_{0.2}$Mn$_{0.3}$O$_2$ 材料为正极，金属锂片为负极。基础电解液（RE）组成为 EC/EMC（质量比

3：7），LiPF$_6$为锂盐。对照组电解液中PTSI添加剂含量为0.5%（0.5% PTSI）。

二、电化学性能

图5-2给出了三元LiNi$_{0.5}$Co$_{0.2}$Mn$_{0.3}$O$_2$材料在基础电解液和含0.5% PTSI电解液中的首次充放电曲线、常温循环性能、高温循环性能以及倍率性能。对应数值详见表5-3。

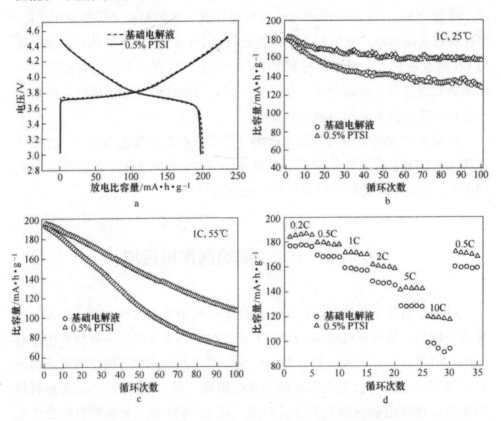

a—0.1C首次充放电曲线；b—1C常温循环性能；c—1C高温循环性能；d—倍率性能

图5-2 LiNi$_{0.5}$Co$_{0.2}$2Mn$_{0.3}$O$_2$材料在不同电解液中的性能

表5-3 LiNi$_{0.5}$Co$_{0.2}$Mn$_{0.3}$O$_2$材料在不同电解液中的放电比容量以及容量保持率

样　品	基础电解液/（mA·h/g）	0.5%PTSI/（mA·h/g）
第1次充电（0.1C）	233.9	231.7

样　品	基础电解液 /（mA·h/g）	0.5%PTSI/（mA·h/g）
第 1 次放电（0.1C）	197.2	200.4
第 1 次放电（1C，25℃）	179.5	182.4
第 100 次放电（1C，25℃）	128.2	157.3
容量保持率 /%	71.4	86.2
第 1 次放电（1C，55℃）	192.9	195.5
第 100 次放电（1C，55℃）	62.3	106.6
容量保持率 /%	32.3	54.5

　　三元 $LiNi_{0.5}Co_{0.2}Mn_{0.3}O_2$ 材料在两种电解液中都经历放电比容量持续降低并逐渐稳定的过程。具体而言，其在基础电解液中 1C 首次放电比容量为 179.5mA·h/g，100 次充放电循环比容量为 128.2mA·h/g，容量保持率仅为 71.4%；而含 PTSI 电解液能明显改善电池常温循环性能，100 次循环后容量保持率可达 86.2%。进一步考查 PTSI 添加剂的有益效果，三元 $LiNi_{0.5}Co_{0.2}Mn_{0.3}O_2$ 材料在两种电解液中都经历比容量迅速降低的过程，其在基础电解液中的下降趋势更为明显。100 次循环后，其 1C 容量保持率仅为 32.3%。反观含 PTSI 电解液的半电池，其在 100 次循环后容量保持率还可达 54.5%。因此，$LiNi_{0.5}Co_{0.2}Mn_{0.3}O_2$ 材料在含 PTSI 电解液中常温及高温循环性能的改善得益于 PTSI 在正极材料表面氧化形成稳定的钝化膜。这层钝化膜可使基体 $LiNi_{0.5}Co_{0.2}Mn_{0.3}O_2$ 材料保持良好的晶体结构并且阻止电解液的进一步氧化分解。

　　三元 $LiNi_{0.5}Co_{0.2}Mn_{0.3}O_2$ 材料在基础电解液和含 PTSI 电解液中交流阻抗拟合结果如表 5-4 所示。

表 5-4　$LiNi_{0.5}Co_{0.2}Mn_{0.3}O_2$ 材料在基础电解液和含 PTSI 电解液中交流阻抗拟合结果

样　品	第 1 次		第 100 次	
	R_{sf}/Ω	R_{ct}/Ω	R_{sf}/Ω	R_{ct}/Ω
基础电解液	78.4	47.3	104.5	653.1
0.5% PTSI	56.3	46.5	62.7	367.5

首次循环后，0.5% PTSI 的膜阻抗值 R_{sf} 为 56.3Ω，略低于基础电解液（78.4Ω），同时两样品的电荷转移阻抗值 R_{ct} 基本一致。但是，0.5% PTSI 样品在高电压下循环 100 次后的电化学阻抗值要小于基础电解液。具体来说，基础电解液的 R_{sf} 值从 78.4Ω 上升至 104.5Ω，这是由于电解液不断氧化分解在材料表面生成阻碍电子及离子传输的界面层。含 PTSI 添加剂的电池 R_{sf} 值仅从 56.3Ω 上升至 62.7Ω，表明前几次循环过程中即生成了稳定的电极电解液界面（CEI）膜，避免了碳酸酯类溶剂的进一步氧化分解。此外，0.5% PTSI 的 R_{ct} 值为 367.5Ω，远小于基础电解液的 653.1Ω。因此，含 PTSI 添加剂电池的较优的电化学性能得益于其稳定的电极电解液界面。

三、形貌及晶体结构分析

相较于未循环的 $LiNi_{0.5}Co_{0.2}Mn_{0.3}O_2$ 材料，在基础电解液中循环后的正极材料表面被电解液分解产物覆盖，一次颗粒界面难以分辨。而在 0.5% PTSI 添加剂中循环后的材料表面与未循环的 $LiNi_{0.5}Co_{0.2}Mn_{0.3}O_2$ 材料相比相差无几，较好地保持了原有形貌。TEM 测试更加清晰地显示了材料在循环前和循环后的微区状态。$LiNi_{0.5}Co_{0.2}Mn_{0.3}O_2$ 晶格结构清晰，边缘光滑平整且无附着物。基础电解液样品材料表面出现明显且较厚的电解液分解产物，含 PTSI 添加剂的样品表面则形成一层紧凑连续的非晶质薄膜。这与从交流阻抗角度分析 $LiNi_{0.5}Co_{0.2}Mn_{0.3}O_2$ 材料在两种电解液中循环后所形成的电极电解液界面膜状态的结果一致。

进一步考查 PTSI 添加剂对高电压下和高温下三元正极材料的保护效果，图 5-3 给出了 $LiNi_{0.5}Co_{0.2}Mn_{0.3}O_2$ 材料未循环前、基础电解液中循环 100 次后和含 PTSI 添加剂电解液中循环 100 次后的 XRD 图谱。方块图标处为铝箔的特征峰。循环后的 $LiNi_{0.5}Co_{0.2}Mn_{0.3}O_2$ 材料特征峰与未循环材料基本保持一致，但是各特征峰强度大幅度降低并且（006）/（102）与（108）/（110）两对衍射峰分裂并不明显，表明材料层状结构受到一定程度的破坏。与基础电解液相比，含 PTSI 添加剂的样品（006）/（102）与（108）/（110）两对衍射峰分裂较为明显，表明 PTIS 氧化分解后参与形成 CEI 膜。这将在下文 XPS 分析中进一步说明。

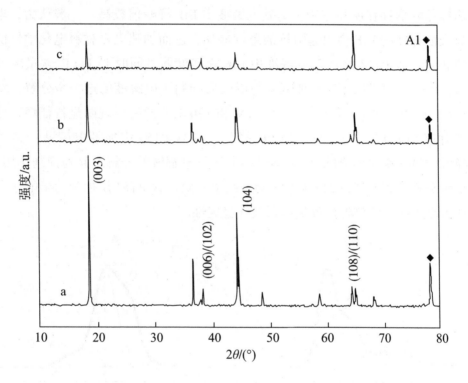

a—循环前；b—含 PTSI 添加剂循环后；c—基础电解液循环后

图 5-3 LiNi$_{0.5}$Co$_{0.2}$Mn$_{0.3}$O$_2$ 材料的 XRD 图谱

四、表面元素分析

图 5-4 为 LiNi$_{0.5}$Co$_{0.2}$Mn$_{0.3}$O$_2$ 材料在基础电解液以及含 PTSI 添加剂电解液中循环后元素高分辨率 XPS 图谱。图 5-4（a）中，C 1s 图谱在 284.8eV 和 290.7eV 处存在两个峰，这对应着黏结剂 PVDF。此外，在 288.8eV 处两样品均出现 C═O 双键特征峰，表明在充放电过程中电解液均发生了较为严重的分解反应。需要注意的是，含 PTSI 添加剂电解液中 C═O 双键强度稍弱，这得益于PTSI 添加剂抑制了高电压下电解液的分解。图 5-4（b）中，O 1s 高分辨 XPS 图谱显示存在三种不同的氧键。第一种

为 529.7eV 处的金属氧键，其他两种为碳酸根中的碳氧键以及烷基锂盐中的碳氧键，分别位于 532.3eV 和 534eV 附近。含 PTSI 添加剂中金属氧键峰值强于基础电解液中金属氧键峰，说明 PTSI 的加入使电极表面形成钝化薄膜，抑制了电解液的分解。图 5-4（c）中，F 1s 的图谱较为简单，在 684.8eV 和 685.9eV 附近出现主要特征峰，分别对应 LiF 和 $Li_xPO_yF_z$。但两样品峰形存在明显差别，基础电解液中 LiF 峰峰值较高。一般认为，电极表面存在的 LiF 会引起阻抗的急剧增加，进而加速电极材料电化学性能的恶化。含 PTSI 添加剂电解液中 LiF 峰强度弱，同时 $Li_xPO_yF_z$ 含量较低（14.25%），说明 PTSI 添加剂参与成膜后抑制了电解液的进一步分解。图 5-4（d）中，P 2p 的图谱在 133.7eV 和 136.5eV 两处出现明显特征峰，分别对应 $Li_xPO_yF_z$ 和 Li_xPF_y。Li_xPF_y 峰强度在含 PTSI 添加剂电解液中显著降低，再一次说明 PTSI 添加剂对高电压下电解液的分解可起到抑制作用。XPS 分析结果与 TEM 以及 EIS 测试结果一致，含 PTSI 添加剂的半电池表现出更加优异的放电比容量以及循环稳定性。

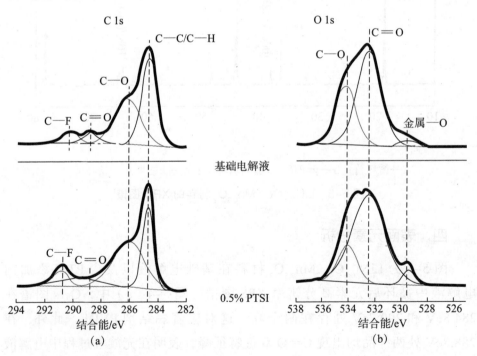

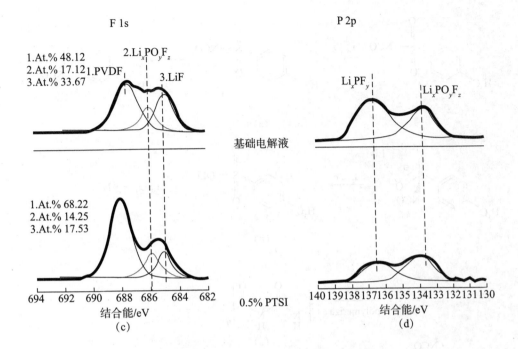

a—C 1s；b—O 1s；c—F 1s；d—P 2p

图 5-4 基础电解液与含 PTSI 添加剂中循环后元素 XPS 图谱

上述四种元素 XPS 分析表明，含有添加剂电解质使电极表面形成较高离子电导率的薄膜。PTSI 添加剂中含有 S 和 N，对循环后电极表面 S 和 N 进行 XPS 检测分析可以更加准确地判断 PTSI 添加剂的作用机理。

五、PTSI 成膜机理

基于以上 XPS 图谱分析以及之前的文献报道，PTSI 添加剂在 $LiNi_{0.5}Co_{0.2}Mn_{0.3}O_2$ 材料表面的还原机制可表示如图 5-5 所示。

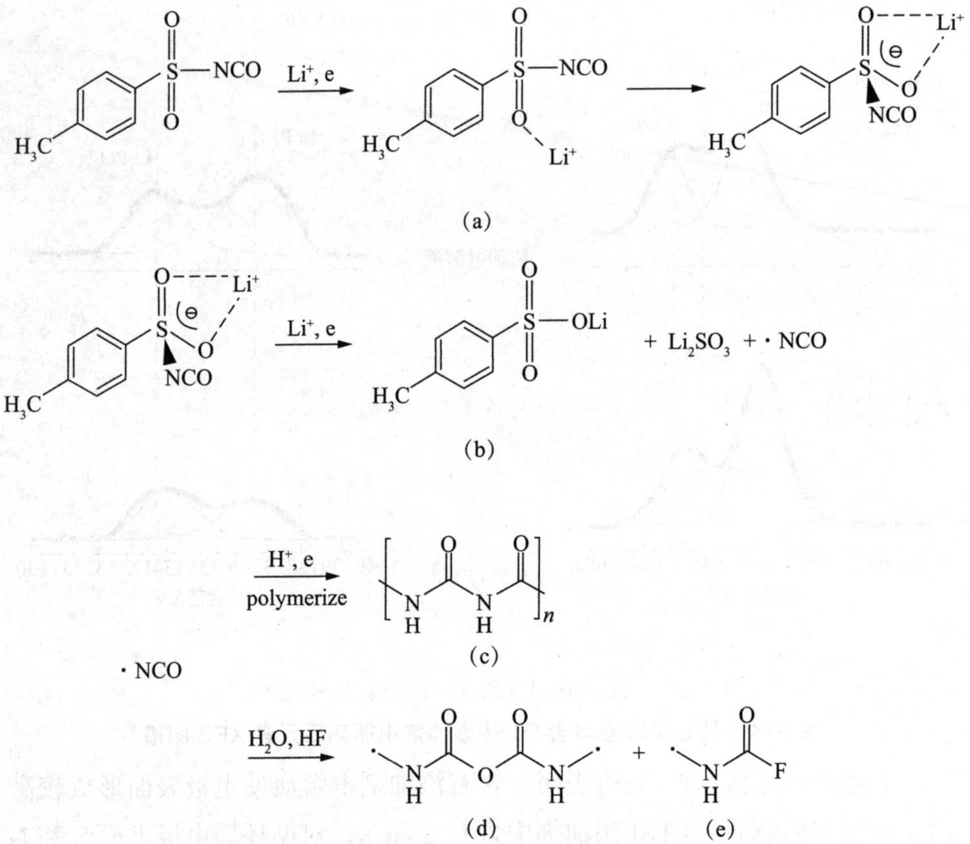

图 5-4 PTSI 添加剂在正极材料表面还原成膜历程

PTSI 添加剂先与一个电子以及锂离子结合形成锂离子配位自由基，在此基础上继续经历一个电子转移过程，生成 RSO_2Li 中间体、Li_2SO_3 与·NCO 自由基。这与在含添加剂电解液中循环后 $LiNi_{0.5}Co_{0.2}Mn_{0.3}O_2$ 材料表面所检测到硫元素的 XPS 图谱一致。·NCO 自由基性质较为特殊，一方面其可以通过聚合反应参与正极材料表面成膜反应，另一方面异氰酸酯添加剂分解产物对电解液中痕量水以及产生的微量 HF 具有较强的吸收能力。众所周知，常用电解质锂盐 $LiPF_6$ 水解产生痕量水同时释放 HF，HF 进一步攻击材料表面形成的 SEI 膜以及材料活性物质。正因为如此，含 PTSI 添加剂电解液中的 $LiNi_{0.5}Co_{0.2}Mn_{0.3}O_2$ 电池表现出良好的电化学性能。

根据系列表征分析，PTSI 添加剂分解后参与正极材料表面成膜反应。式（5-1）至式（5-5）给出了常用电解液中 LiF 以及 HF 生成的化学过程。HF 可攻击正极活性物质，导致材料表面腐蚀以及过渡金属元素溶解进入电解液，同时分解产生的 LiF 和烷基碳酸盐增加 $LiNi_{0.5}Co_{0.2}Mn_{0.3}O_2$ 半电池的界面阻抗值。此外，路易斯酸 PF_5 诱导 EC 溶剂发生开环反应，在活性材料表面聚合成聚碳酸亚乙酯和聚氧乙烷类物质。因此，$LiNi_{0.5}Co_{0.2}Mn_{0.3}O_2$ 材料在基础电解液中的高电压电化学性能急剧恶化。加入 PTSI 后，其含有的—S＝O 作为弱碱基团可有效抑制路易斯酸 PF_5 活性，相应 LiF 和 HF 生成以及 EC 分解将会得到抑制。另外，·NCO 自由基聚合参与正极表面成膜，该膜层在促进锂离子传输的同时可以阻止 HF 对活性物质的腐蚀。值得肯定的是，该基团还可以吸收电解液中的痕量酸及水。基于此，PTSI 添加剂可有效改善三元正极材料的高电压电化学性能。

$$LiPF_6 \rightarrow LiF + PF_5 \tag{5-1}$$

$$PF_5 + H_2O \rightarrow POF_3 + 2HF \tag{5-2}$$

$$POF_3 + H_2O \rightarrow PO_2F_2^- + HF \tag{5-3}$$

$$PO_2F_2^- + H_2O \rightarrow PO_3F^{2-} + HF \tag{5-4}$$

$$PO_3F^{2-} + H_2O \rightarrow PO_4^{3-} + HF \tag{5-5}$$

第六章 锂离子电池多孔电极

第一节 多孔电极简介

多孔电极是指具有一定的孔隙率的电极。采用多孔电极进行电化学反应，可以提高参与电极反应的反应面积，降低电化学极化，减小充放电时的电流密度。锂离子电池正负极通常采用粉末多孔电极，通常是将活性固体粉末与惰性导电固体微粒混合，通过黏结、涂膏、压制等方法制备而成。锂离子电池的嵌/脱锂反应在电极的三维空间结构中进行，多孔电极结构直接影响电池的性能。

一、多孔电极结构

多孔电极的结构十分复杂，因活性物质、导电剂、黏结剂的不同及其制备工艺不同而变化。描述多孔电极结构特征的参数主要包括孔隙率、孔径及其分布、比表面积、孔形态、曲折系数和厚度等。

孔隙率是指电极中孔隙体积与电极表观体积的比率。电极孔隙中含有电解液，若孔隙率较大，孔隙中电解液具有较好的离子传输性能，但是固相体积分数会降低，导致电极电子导电性变差，同时会造成电池体积比能量降低。若孔隙率过小，电极电子导电性提高，但电解液离子传输性能降低，也会导致电池性能下降。

孔径是指孔隙横截面的直径。按孔径 d 值大小可将孔隙分为微孔（$d < 2 \, \text{nm}$）、中孔（$2 \, \text{nm} \leqslant d \leqslant 50 \, \text{nm}$）和大孔（$d > 50 \, \text{nm}$）。孔径分布是指不同孔径的孔体积所占总孔体积的百分数。将孔径大小和孔径分布综合考虑，才能全面分析多孔电极的孔隙结构。

比表面积是指单位表观体积或单位质量多孔电极所具有的表面积，单位分别为 m^{-1} 和 m^2/kg，可以反映参与电极反应的表面积大小。对于没有内部孔隙粉体构成的多孔电极，表面积等于粉体的外表面积；对于内部含有丰富孔隙的粉体，不同孔径的孔隙在电极反应过程中作用不同。表面积主要由微孔的表面积贡献，微孔是电极反应的主要场所，而大孔主要起到离子传输通道作用。

孔形态通常有通孔、半通孔和闭孔三种。通孔一般是离子传输的主要通道，半通孔也有离子传输作用，闭孔一般不能传输离子。通孔和半通孔孔壁是电极反应的主要界面，闭孔孔壁不能进行电化学反应。

孔隙曲折系数是指多孔电极中通过孔隙传输时，实际传输途径的平均长度与直通距离之比。曲折系数越大，传输距离越长。

电极厚度主要影响多孔电极内部离子导电和电子导电的传输距离，影响多孔电极的反应深度。如果电极厚度过大，多孔电极内部活性物质不能得到充分利用，将导致功率密度和能量密度降低；如果电极的厚度太小，活性物质充装量较少，辅助材料所占比例过大，也会导致能量密度降低。实际应用过程中要根据电池性能要求选择合适的电极厚度。

二、多孔电极分类

多孔电极按电极反应特征可分为两相多孔电极和三相多孔电极。两相多孔电极中主要包括固、液两相，电解液渗入多孔电极的孔隙中，在液、固两相界面上进行电极反应，也被称为全浸式扩散电极。锂离子电池和铅酸蓄电池的正负极属于此类电极。三相多孔电极包括气、液、固三相，电极反应在三相界面处进行，由于有气体参与又被称为气体扩散电极。燃料电池中的氢电极、氧电极和锌 – 空气电池中的空气（氧）电极都属于此类电极。

多孔电极按照电极是否参与氧化还原反应可分为活性电极和非活性电极。活性电极通常是由参加电化学氧化还原反应的粉末组成的，锂离子电池多孔电极属于活性电极。非活性电极中的固相网络本身不参加氧化还原反应，只负责电子传输和提供电化学反应表面，也被称为催化电极。

粉末多孔电极按制造工艺可分为涂膏式、压成式、烧结式和盒式。涂膏式粉末多孔电极是将活性物质粉末及其他各种组分的粉末用某种溶液调和为膏状物，然后涂覆于集流体上制成电极。锂离子电池正负电极就是采用这种工艺制成的。压成式粉末多孔电极是将干活性物质粉末及其他成分粉末直接压制而成的电极。烧结式粉末多孔电极是将活性物质粉末加压成型后高温烧结而成的。盒式粉末多孔电极是将粉末装填于穿孔的金属盒或管中制作而成的，铅酸蓄电池中的管状正极就是采用这种工艺制成的。

第二节　锂离子电池多孔电极动力学

一、多孔电极过程

化学电池中的多孔电极过程通常包括阳极过程和阴极过程，以及在电解质（大多数情况为液相）中的传质过程等。阳极或阴极过程都涉及多孔电极与电解质界面间的电量传递，由于电解质不导通电子，因此电流通过"电极／电解质"界面时，某些组分就会发生氧化或还原反应，从而将电子导电转化为离子导电。而在电解质中，是通过离子迁移的传质过程来实现电量传递的。

通常将电极表面上发生的过程与电极表面附近薄层电解质中进行的过程合并起来处理，统称为"电极过程"。换言之，电极过程动力学的研究范围不但包括在阳极或阴极表面进行的电化学过程，还包括电极表面附近薄层电解质中的传质过程（有时也有化学过程）。对于稳态过程，阳极过程、阴极过程、电解质中的传质过程是串联进行的，即每一过程涉及的净电量转移完全相同，此时这三种过程相对独立。因此，将整个电池反应分解为若干个电极反应进行研究，有利于弄清每种过程在整个电极过程中的地位和作用。但两个电极之间往往存在不可忽视的相互作用，因此还要将各个电极过程综合起来进行研究，以便全面理解电化学装置中的电极过程。

电极过程通常可以分为下列几个串联步骤。

（1）电解质相中的传质步骤：反应物向电极表面的扩散传递过程。

（2）前表面转化步骤：反应物在电极表面或表面附近薄层电解质中进行的转化过程，如反应物在表面上吸附或发生化学变化。

（3）电化学步骤：反应物在电极表面得到或失去电子生成反应产物的电化学过程，是核心电极反应。

（4）后表面转化步骤：生成物在电极表面或表面附近薄层电解质中进行的转化过程，通常为生成物的表面脱附过程，生成物有时也会进一步发生复合、分解、歧化或其他化学变化等。

（5）生成物传质步骤：生成物有可能从电极表面向溶液中扩散传递，也有可能继续扩散至电极内部，或者转化为新相，如固相沉积层或生成气泡。

上述（1）、（3）和（5）步是所有电极过程都具有的步骤，某些复杂电极过程还包括（2）和（4）步或者其中之一。

下面以石墨负极的首次充电过程为例来讨论锂离子电池的电极过程。

石墨负极的充电过程属于阴极过程，电极过程没有上述的后表面转化步骤，通常包括下列四个步骤。

（1）电解质相中的传质步骤：溶剂化锂离子在电解液中向石墨表面的扩散传递。

（2）前表面转化步骤：首次充电时溶剂化锂离子吸附在石墨颗粒表面发生反应形成 SEI 膜，后续的充电过程中溶剂化锂离子在 SEI 膜表面吸附，锂离子经过去溶剂化穿过 SEI 膜，到达石墨表面。

（3）电化学步骤：锂离子从 SEI 膜内的石墨颗粒表面得到电子，被还原生成石墨嵌入化合物 Li_xC_6（$0 < x < 1$）。

（4）生成物传质步骤：石墨边缘的嵌入化合物 Li_xC_6 中的锂离子从颗粒表面固相扩散至石墨晶体中的六角网状碳层内部，并以稳定的嵌入化合物 Li_xC_6 的形式存在。

SEI 膜是首次充电过程中由溶剂和锂盐在石墨颗粒表面还原形成的沉积层，主要成分包括烷基锂、碳酸锂和氟化锂等。由于 SEI 膜能够隔绝电解液与石墨颗粒表面，因此在第二次及后续的充电过程中，步骤（2）中不存在 SEI 膜的形成过程。

电极过程中各个步骤的动力学规律不同，当电极反应速率达到稳态值时，串联过程的各个步骤均以相同的速率进行，则在这些步骤中可以找到一个"瓶颈步骤"，又称"控制步骤"。整个电极过程的进行速率主要由控制步骤的速率决定，整个电极过程所表现的动力学特征与控制步骤的动力学特征相同。如果液相传质为控制步骤，则整个电极过程的进行速率服从扩散动力学的基本规律；如果电化学步骤为控制步骤，则整个电极过程的进行速率服从电化学反应的基本规律。

当存在单一的控制步骤时，其他非控制步骤的速率都比控制步骤快得多。决定这些非控制步骤过程进行速率的主要因素来自热力学方面——反应平衡常数，而不是动力学方面——反应速率常数。换句话说，对于这些非控制步骤，近似地按照平衡状态来处理。例如，若电化学步骤为电极过程控制步骤，就可以近似地认为溶液中不存在浓度极化，表面转化步骤也处在平衡状态。另外，决定整个电极反应速率的控制步骤可能会产生变化，如果将原来控制步骤的速度加快了，则非控制步骤中就会出现新的控制步骤。电极过程有可能同时存在两个控制步骤，处于混合控制区，此时电极过程动力学特征变得比较复杂。

二、多孔电极动力学

电极过程动力学主要研究影响电极反应速率的因素及其规律，找到控制电极反应速率的方法。为达到这一目的，首先要研究电极过程中包括的分步骤及其组合顺序，找出控制步骤，测定控制步骤的动力学参数及其他步骤的热力学平衡常数。了解电极过程涉及的固相和液相传质、电化学反应和表面转化过程的动力学特征是识别控制步骤的关键，下面详细讨论这些分步骤电极过程的动力学。

（一）固相电极中的电子和离子导电

固体电极可以看作大量原子或分子的紧密集合体，在许多固态化合物中，电子导电和离子导电过程并存，因此下面分别介绍固态材料中的电子和离子导电过程。

1. 电子导电

电极中的原子核和内层电子有序排列形成三维点阵骨架结构，外层电子有时不再专属于某一原子，而是可以发生离域运动。良导体的一种可能情况是价带部分充满，其中存在大量空的能级，价电子很容易跃迁到能量相近的空能级上而呈现出高的电导率；另一种可能情况是全充满的价带与上面的空带非常接近或相互重叠，因此价带中较高能级上的电子可以跃迁到空带能级上形成自由电子。半导体中的能带分布情形与绝缘体相似，只是满带与空带之间的间隙较小，即禁带宽度较窄，通常为 0.5 ~ 3.0 eV。

绝缘体的能带特征是最高被充满的能带与其邻近的空带之间存在着很宽的禁带间隙，一般为 4 ~ 5 eV。

锂离子电池正极材料活性物质通常为过渡金属氧化物，Li_xCoO_2 的能带结构如图 6-1 所示。在 Li_xCoO_2 能带结构中，全充满的 $O:2p^6$ 带与 $Co:t_2^{6-y}$ 带部分重叠，并位于半充满的 t_2 带的上部。重叠能带中的电子能级要显著低于原来 Co 原子轨道中的 s、d 能级，使电子易于从后者中移走而引起较高的表观阳离子价态。嵌入反应中电子进入（或脱出）的能级位置主要是 t_2 能带中 E_F 附近的能级。因此，当采用具有这类电子能带结构的化合物作为嵌入正极时，所获得的电极电位可能明显高于根据过渡金属离子变价推算出的预期值。

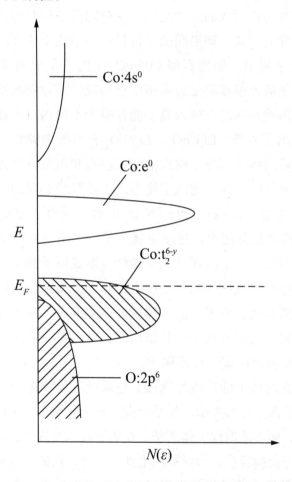

图 6-1　锂离子电池 Li_xCoO_2 正极材料的能带结构示意图

反应过程中嵌入的阳离子主要通过两种方式影响主体晶格的电子结

构：一方面，由于嵌入的阳离子总是位于阴离子附近，它所携带的正电荷通过库仑引力降低了 p 电子的能量，其效果是使 p 能带下降；另一方面，嵌入阳离子的正电荷能引起周围阴离子的极化，而阴离子极化后产生的偶极正端又会吸引邻近的 d 电子，使后者的能量降低。这两方面的作用效果都是使电子能级降低。

  2. 离子导电

  固态化合物离子导电通常是离子不断填充空位和原子在间隙位之间跃迁。常温下，固体结构缺陷所产生的离子导电性不显著，化学掺杂或提高温度可以提高固态化合物的离子导电性。嵌入化合物属于非计量化合物，主体晶格骨架中存在合适的离子空位与离子通道。其中离子通道是由晶格间隙空位相互连接形成的连续空间。这种间隙空位互相连通的空间结构决定了离子的导电形式。如果间隙空位只在一条线上相互连通，这种通道被称为一维离子通道，橄榄石型 $LiFePO_4$ 中的离子通道即属于一维离子通道。一维离子通道很容易受到晶格中杂质或位错影响而堵塞。若间隙空位在一个平面内相互连通，嵌入离子能在整个平面内自由迁移，则这种通道被称为二维离子通道，Li_xCoO_2、Li_xNiO_2 和石墨中的离子通道均属于二维离子通道。若固体中间隙空位在上下、左右和前后三个方向上均相互连通，则称这种固体中存在三维离子通道，尖晶石型 $LiMn_2O_4$ 中的离子通道属于三维离子通道。Li_xCoO_2 和 Li_xNiO_2 中的二维离子通道层状结构如图 6-2 所示。在这类化合物中，过渡金属离子位于两层氧原子之间的八面体中，金属和非金属原子之间通过化学键结合形成原子密实层；而两层密实层之间则靠范德华力或嵌入阳离子产生的静电力相结合。这种结构中包含的二维离子通道有利于离子的嵌入和脱嵌。一方面，离子嵌入不会引起原子密实层的结构改变，有利于层状结构的稳定；另一方面，这种弱相互作用的晶格层间空隙允许离子良好移动。

  嵌入离子在通道中的扩散是通过空位跃迁或填隙跳迁方式进行的，这与一般固体中的离子迁移类似。但是，嵌入离子只能占据主体晶格中的某些空位或空隙位，而不能取代主体离子。在离子嵌入过程中，固态化合物同时与外界进行电子交换反应，以保持电中性。因此，在离子迁移的同时，固态化合物的主体晶格不断发生化学组成和电性质的变化，离子扩散机理更为复杂。

在锂离子电池电极材料中，固相扩散通常是以锂离子迁移形式进行的，离子迁移推动力为电化学势梯度。

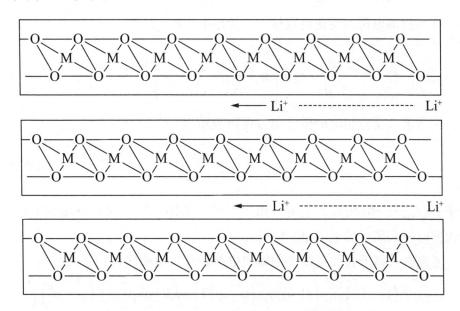

图 6-2　Li_xMO_2 中的二维离子通道层状结构

（二）表面转移控制反应

在分析嵌入电极反应的动力学时，一般将固相扩散作为唯一的反应速度控制步骤来处理。实际上，在嵌入型电极的交流阻抗图的中等频率区，往往呈现出明显的表面反应特征。这里先讨论单纯由扩散过程控制的反应，然后介绍考虑表面转移过程影响的动力学处理办法。

嵌入反应的界面步骤是嵌入离子从电极表面附近溶液转移到电极表面固相层的过程，决定这一过程的热力学及动力学性质的主要因素应当是电极电位、电极附近液相中嵌入离子的浓度和固体表面空位的占据率。由于这个过程与电极表面的特性吸附过程之间存在一定的相似，如果将嵌入反应的界面转移看作液相中嵌入离子在固体电极表面上的"特性吸附"，按照 Frumkin 吸附等温线可写出表面离子嵌入度（X^s）与电极电位的关系：

$$\frac{X^s}{(1-X^s)} = \exp\left[f(\varphi-\varphi^0)\right]\exp(-gX^s) \qquad (6-1)$$

式中：φ 和 φ^0——平衡状态下电极电位和标准电极电位，V；

　　　　g——相互作用因子；

f=F/RT ;

F——法拉第常数。

嵌入度随电位的变化可直接由式（6-1）微分得到：

$$\frac{\mathrm{d}X^s}{\mathrm{d}\varphi} = f\left[g + \frac{1}{X^s} + \frac{1}{\left(1 - X^s\right)} \right]^{-1} \qquad （6-2）$$

而与嵌入反应相应的微分电容可以表示为

$$C_{嵌入} = Q_{\max}\frac{\mathrm{d}X^s}{\mathrm{d}\varphi} \qquad （6-3）$$

式中：$Q_{\max}$——饱和嵌入电荷，相当于单位固体表面上所有可用空隙位均被占据时嵌入离子的电荷量。

考虑嵌入离子表面覆盖度的缓慢电荷转移极化曲线可用下式表示：

$$-i = \vec{k}\left(1 - X^s\right)\exp\left[\left(1 - \alpha\right)f\left(\varphi - \varphi^0\right)\right] - \vec{k}X^s\exp\left[\alpha f\left(\varphi - \varphi^0\right)\right]$$

（6-4）

式中：k——指前因子，其上的箭头代表反应方向；

i——电流密度，$A \cdot mm^{-2}$；

α——反应传递系数。

再将式（6-1）带入式（6-4）可得嵌入反应的极化曲线。

根据 Frumkin 吸附等温线模型计算得出的数据与实验测得的循环伏安曲线和电化学阻抗谱之间能较好地互相吻合。

（三）液相扩散动力学

锂离子电池的电解液中锂离子浓度通常较大，因此电解质的传输过程需要用浓溶液理论进行分析。设电解液由三种物质（正离子、负离子和溶剂分子）组成，以溶剂分子的速率为参比速率，根据推导，得到各物质通量，可用下式表示：

$$J_+ = -\frac{v_+ D_+}{RT} \times \frac{c_T}{c_0}c\nabla\mu + \frac{it_+^0}{z_+ F} + c + v_0 \qquad （6-5）$$

$$J_- = -\frac{v - D_-}{RT} \times \frac{c_T}{c_0}c\nabla\mu + \frac{it_-^0}{z_- F} + c_- v_0 \qquad （6-6）$$

$$J_0 = c_0 v_0 \quad\quad\quad (6-7)$$

其中

$$i = F\sum_m z_m J_m \quad\quad\quad (6-8)$$

式（6-5）～式（6-8）中：

c——电解液中电解质的物质的量浓度，mol/L；

c_0——电解液中溶剂的物质的量浓度，mol/L；

c_T——电解液中所有物质的物质的量浓度之和，mol/L；

c_+、c_-——正、负离子的物质的量浓度，mol/L；

D_+、D_-——相应物质的扩散系数；

J_+、J_-和J_0——正离子、负离子和溶剂分子的通量，kg/（mg·s）；

v_+和v_-——电离 1 mol 电解质产生的正离子及负离子的物质的量；

t_+^0——正离子的迁移数；

t_-^0——负离子的迁移数；

z_m——离子所带电荷数；

v_0——溶剂分子的移动速率，m/s；

μ——化学势，J/mol；

z_+、z_-——正、负离子所带的电荷数；

J_m——物种 m 的通量，kg/（mg·s）；

i——流经电解液液相的表观电流密度 A·mm^{-2}；

F——法拉第常数。

以上公式采用化学势梯度作为物质 m 的传输驱动力，将物质 m 通量的热力学驱动力转化为浓度梯度驱动力则得到：

$$J_m = -v_m\left[1 - \frac{\mathrm{d}\ln c_0}{\mathrm{d}\ln c}\right]D\nabla c + \frac{it_m^0}{z_m F} + c_m v_0 \quad\quad\quad (6-9)$$

式中：D——通常所测定的离子的扩散系数。将离子 m 的通量表达式代入通用的物质的量平衡方程中得到：

$$\frac{\partial_{c_m}}{\partial t} = -\nabla N_m + R_m \quad\quad\quad (6-10)$$

式中：R_m——离子m的源项；

t——时间，s。

把通量方程式（6-5）～式（6-7）代入物质的量平衡方程，重排并利用电中性原理得到守恒关系，可用下式表示：

$$\frac{\partial c}{\partial t}+\nabla\left[cv_0\right]=\nabla\left[D\left(1-\frac{\mathrm{d}\ln c_0}{\mathrm{d}\ln c}\right)\right]\nabla c-\frac{i\nabla t_+^0}{z_{-v+}F} \qquad （6-11）$$

$$\frac{\partial_{c_0}}{\partial t}=-\nabla\left(c_0v_0\right) \qquad （6-12）$$

式（6-11）是电解质的物质的量平衡方程，式（6-12）可被看作溶剂速率的连续性方程。设溶剂分子速率为0，则得到式（6-10）的一维形式：

$$\nabla\phi=-\frac{i}{k}+\frac{RT}{F}\left(1+\frac{\mathrm{d}\ln f_A}{\mathrm{d}\ln c}\right)\left(1-t_+^0\right)\nabla\ln c \qquad （6-13）$$

电解液中电荷的传递是由带电离子通过迁移或扩散实现的，液相中电流密度与电解液相的电位符合修正的欧姆定律，公式如下：

$$\nabla\phi=-\frac{i}{k}+\frac{RT}{F}\left(1+\frac{\mathrm{d}\ln f_A}{\mathrm{d}\ln c}\right)\left(1-t_+^0\right)\nabla\ln c \qquad （6-14）$$

式中：f_A——锂盐活度系数；

k——电解液的电导率，s/m；

ϕ——电解液相的电位，V。

该公式表明电流和浓度梯度均会引起电位梯度。

式（6-13）和式（6-14）表明描述二元电解质溶液的动力学过程需要三个独立的、可测量的传输参量：电导率k、正离子迁移数t_+^0和电解质（锂盐）扩散系数D。

（四）电化学反应动力学

锂离子电池电化学反应主要是锂离子在正负极活性物质中嵌入和脱嵌时发生的氧化还原反应。设这两个电化学反应符合 Bulter-Volmer 方程：

$$i_j=i_{0j}\left[\exp\left(\frac{\alpha_jF}{RT}\eta_j\right)-\exp\left(-\frac{\beta_jF}{RT}\eta_j\right)\right] \qquad （6-15）$$

式中：i_j——第j个电极反应的反应电流密度，A/m^2；

α_j和β_j——第j个电极反应的阴极反应和阳极反应的传递系数；

η_j——第j个电极反应的活化过电位；

i_{0j}——第j个电极反应的交换电流密度，A/m^2，它是电解液中 Li^+ 浓度及固体活性物质中锂带浓度的函数：

$$i_{0j} = KF(c)^{\alpha_j} \left(c_{t,j} - c_{s,j}^0\right)^{\alpha_i} \left(c_{s,j}^0\right)^{\beta_i} \qquad （6-16）$$

式中：K——电极反应动力学常数；

c——电解液中 Li^+ 浓度；

$c_{t,j}$——第j个电极中固体活性物质中最大 Li^+ 浓度，mol/L；

$c_{s,j}^0$——第j个电极中固体活性颗粒表面的 Li^+ 浓度，mol/L。

第j个电极反应的电化学过电位定义如下：

$$\eta_j = \phi_{1,j} - \phi_{2,j} - U_j \qquad （6-17）$$

式中：$\phi_{1,j}$——第j个电极的固相电位，V；

$\phi_{2,j}$——第j个电极的液相电位，V；

U_j——第j个电极中固体活性物质的平衡电极电位，V。

三、多孔电极极化

当电极过程处于热力学平衡状态时，可逆电极体系的氧化反应和还原反应速率相等，电荷交换和物质交换都处于动态平衡之中，因而净反应速率为零，电极上没有电流通过，即外电流等于零，此时的电极电位为平衡电位。当电极失去了原有的平衡状态，电极上有电流通过时就有净反应发生，电极电位将偏离平衡电位。这种有电流通过时电极电位偏离平衡电位的现象被称为电极极化。电极电位与平衡电位差值被称为超电位。

（一）非活性电极极化

非活性电极的内部不同深度处电化学极化主要包括固、液相网络中的电阻极化和孔隙中电解质反应粒子的浓度极化。

1.固、液相网络中电阻极化

设多孔电极一侧接触溶液，并且全部反应层中各相具有均匀的组成，即不发生反应粒子的浓度极化。同时，设反应层中各相的体积比与曲折系数均为定值。当满足这些假设时，可以用如图 6-3 所示的等效电路来分析界面上的电化学反应和固、液相电阻各项因素对电极极化的影响。

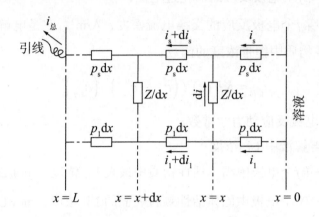

图 6-3 多孔电极等效电路图

2. 电解质中反应粒子的浓度极化

若反应粒子浓度较低，固、液网络导电性良好，则引起多孔电极内部极化不均匀的原因往往是反应粒子在孔隙中的浓度极化。电极内部不同深度处反应界面上电化学极化值相同，且等于按常规方法用置于多孔电极外侧的参比电极测得的数值。另外，由于受到电极端面外侧整体液相中反应粒子传质速率的限制，能实现的稳态表观电流密度不能超过整体液相中传质速率决定的极限扩散电流密度。采用多孔电极作为电化学传感器时常利用这一性质。在化学电池和电解装置中，一些杂质在多孔电极上的电化学行为亦由此决定。

（二）活性电极极化

当涉及有关化学电源中多孔电极的极化问题时，由于电解质相内参加反应粒子（如锂离子电池中的 Li^+，水溶液电池中的 H^+、OH^- 等）的浓度一般较高，构成了主要导电组分，因此引起这些粒子移动的因素不仅是扩散，还包括电迁移。对于对称型电解质溶液，反应层的有效厚度可用下式表示：

$$L_*^* = \left(\frac{2nFD_{有效(1)} c^0}{i^0 S^*} \right)^{1/2} \qquad （6-18）$$

当设计化学电源电极的厚度时，如果期望以尽可能高的功率输出（全部粉粒均能同时参加电流输出），则极片厚度不应显著大于L_Ω^*或L_i^*（选其中较小的一个）。计算L_*^*时需要知道$i^0 S^*$（单位体积中的交换电流），可用测试粉末微电极的方法测出。

在一些容量较大而内部结构较简单的一次电池中，往往采用较厚的粉层电极。当输出较大电流时，在电极厚度方向上极化分布一般是不均匀的。因此，有必要大致估计有效反应区的位置及其在放电过程中的移动情况。在放电的初始阶段，反应区主要位于粉层表面附近或其最深处（导流引线附近），取决于ρ_s和ρ_1中哪一项数值较大。随着放电的进行及活性物质的消耗，反应区逐渐向内部或外侧移动。大多数情况下$\rho_s \leq \rho_1$，这时反应区的初始位置在电极靠近整体液相一侧的表面层，且随着放电的进行逐渐内移。一般说来，这种情况是比较理想的，因为在这种情况下由于放电反应可能引起的ρ_s的增大不会严重影响放电的进行。然而，若反应产物能在孔内液相中沉积（如 Zn 电极、$SOCl_2$ 电极），则电极表面层中的微孔逐渐被阻塞，会使表面层中的液相电阻不断增大，导致电极极化增大。从这一角度来看，当电极反应可能引起液相中出现沉积时，尽可能减小ρ_1使初始反应区的位置处于粉层深处（靠近引流导线一侧），这可能是有利的。然而，若放电反应能引起ρ_s增大，则深层处活性物质优先消耗也会引起电池内阻显著上升和极化增大。

四、多孔电极锂离子扩散测量与模拟

在锂离子电池的电极过程中，固相过程、液相过程和固－液界面过程反应速率及其变化特征均与锂离子的扩散问题相关，并直接影响电池性能。下面讨论锂离子扩散的实验测量与数学模拟计算方法。

（一）锂离子扩散系数测量

锂离子扩散系数通常可以通过跟踪同位素示踪原子的迁移来进行测量，定义示踪扩散系数 D 为

$$D = \frac{1}{6Nt} \sum_{i=1}^{N} \left\langle \left| \vec{r_i}(t) - \vec{r_0}(t) \right|^2 \right\rangle \quad (6-19)$$

式中：N——测量体系中锂离子的数目；

　　　t——时间；

$\vec{r_i}(t)$——第 i 个锂离子在时间 t 时的坐标；

$\vec{r_0}(t)$——锂离子在时间 t 的初始坐标。

对于锂离子电池来说，常用电化学测试技术有电流脉冲弛豫（CPR）技术、交流（AC）阻抗技术、恒电流间歇滴定（GITT）技术、阻抗（AC）法和电位阶跃计时电流法（PSCA）等。

1. CPR 技术

CPR 技术是在研究锂嵌入式化合物中锂离子的扩散系数时最早使用的。该技术是在电极上施加连续的恒电流扰动，记录和分析每个电流脉冲后电位的响应。

2. AC 阻抗技术

AC 阻抗技术是根据阻抗谱图准确地区分在不同频率范围内的电极过程决速步骤，在各类电池研究中获得了广泛应用。

3. GITT 技术

GITT 技术是稳态技术和暂态技术的综合，它消除了恒电位技术等技术中的欧姆电位降问题，所得数据准确，方法简单易行。

4. PSCA

PSCA 是根据阶跃后的电流 – 时间关系曲线及 Cottrel 方程求扩散系数，是电化学研究中常用的暂态研究方法。其具体步骤如下：先在一定电位下恒定一定时间，使电极中的锂离子扩散达均匀状态，然后从恒电位仪上给出一个电位阶跃信号，使电池中有暂态电流产生，最后这个电位又达到一个新的平衡。

上述测定离子扩散系数的技术中，CPR 技术、GITT 技术和 PSCA 适用于扩散控制是电极过程的控制步骤的情况。AC 阻抗技术可通过频率较容易地区分电极过程的决速步骤，对于一些决速步骤难以确定的电极反应非常有效，但只适用于阻抗平面图上有 Warburg 阻抗出现的情况。PSCA 是把电极当作有限扩散层厚度来处理的，扩散过程包括从电极表面到电极深处的扩散，测试所需时间较长。此外，CPR 技术、AC 阻抗技术和 GITT 技术都涉及两个难以确定的参数，即开路电位 – 组成曲线在不同组成下曲线的斜率和电极表面的有效表面积。PSCA 虽然只涉及电极表面有效表面积一个参数，但实验所需时间较长。在目前的文献中，用 CPR 技术、GITT 技术和 AC 阻抗技术测定时都假定锂离子的扩散是在电极表面进行的，所以通常用电极的几何表面积来代替有效表面积进行计算，误差不会太大。

（二）锂离子扩散模拟——蒙特卡罗法

蒙特卡罗法针对锂离子在固体材料中的传输问题通常选用 Metropolis 算法，即把锂离子迁移过程考虑成马尔可夫（Markov）过程，锂离子每次跳跃的位置都是 Markov 链上的一个节点，而前一个节点到后一个节点跳跃的发生是否成功由一定概率来决定。具体研究思路包括两类：①利用经典相互作用进行简化，通过近似表达式计算锂离子在不同格点上的位能；②通过第一性原理计算方法得到位能。

直接利用经典相互作用简化时，不同材料和不同体系的位能表达式不同，需要建立合理的位能表达式才能提高模拟结果的正确性。Ouyang 等计算 $LiMn_2O_4$ 中锂离子扩散行为时，将 Li^+ 和 $LiMn_2O_4$ 晶格中 Li^+ 与 Mn 和 O 之间的相互作用平均为一个不变的常数，并认为等于 Li^+ 在其中的化学势 μ，得到每个锂离子格点的位能 ε_i，可用下式表示：

$$\varepsilon_i = n_i \left(J_{NN} \sum n_i + J_{NNN} \sum n_j - \mu \right) \qquad (6-20)$$

式中：J_{NN} 和 J_{NNN}——最近邻和次近邻原子之间的相互作用能，J；

μ——化学势；

n——格点数。

第一性原理计算方法可以精确地计算一些具有代表性原子结构的能量，然后通过集团展开的方法拟合出能量与结构参数的一般表达式，从而获得所有可能结构模型的能量；最后通过蒙特卡罗模拟技术模拟锂离子在各种复杂材料中的扩散和输运性质。通过第一性原理计算方法获得的能量表达式比经验位能模型能量要准确，同时对于结构复杂难以建立经验模型的体系，也可以比较方便地获得结构能量。

蒙特卡罗模拟的优势在于模拟体系可以很大，甚至可以直接模拟真实材料大小的体系。蒙特卡罗模拟还可以较方便地模拟在外场作用下的离子输运。比如，在外加电场中，锂离子受到电场作用，从一个位置迁移到另外一个位置将增加一项额外电场能，而电场能可以算入迁移概率表达中。这样模拟结果就代表了锂离子在外场中的迁移情况。

第三节　锂离子电池多孔电极电化学性能

一、多孔电极孔隙结构

锂离子电池电极过程通常是在多孔电极的三维空间中进行的，多孔电极的孔隙结构直接影响电池性能。下面从颗粒间和颗粒内部孔隙结构两方面进行详细讨论。

（一）颗粒间孔隙结构

颗粒间的孔隙结构与活性物质颗粒、导电剂和黏结剂的加入量以及辊压工艺有关。辊压压力越大，颗粒间的孔隙率越小。颗粒间孔隙特征的表征方法有很多，如可以用液体吸附和压汞法来测定总孔隙率和孔径分布。这些常用方法已经被广泛报道，但是这些方法往往不能直观描述孔隙形貌和曲折度等实际情况。近年来，采用聚焦离子束扫描电子显微镜（FIB-SEM）和纳米计算机断层扫描（Nano-CT）等技术能够获得材料内部分层结构图像，它们不仅能够进行电极材料微观结构的数值分析，还可以实现材料真实微观结构的重建。下面主要讨论将 FIB-SEM 技术和 Nano-CT 技术与数值仿真技术相结合开展的电池真实结构模拟研究。

1. FIB-SEM 技术

FIB-SEM 技术是将离子束斑聚焦到亚微米甚至纳米级尺寸，在一定的加速电压下轰击样品表面，可对材料和器件进行刻蚀。每进行一次表面刻蚀，在横断面上就采用 SEM 进行一次成像，经过多次重复的切割、成像操作获得一系列截面的二维 SEM 图像，利用重构软件（如 3D-Imaging）重构三维图像。

利用切面的 SEM 分析还可以重构出 $LiCoO_2$ 的颗粒形状，采用背散射分析识别出晶界，从而重构出颗粒内部晶界和孔隙三维形貌。人们通过图像处理重构三维孔隙结构网，研究了晶粒边界对锂离子扩散的影响，发现晶粒边界能够在粒子内部形成锂离子传输的短路通道，但该模型没有考虑黏结剂以及其他固相添加剂的形貌。

2. Nano-CT 技术

Nano-CT 技术具有高检测灵敏度、高图像重建清晰度和高分辨率等优点，受到了越来越多的关注。该技术是在传统 CT（电子计算机断层扫描）基础上发展起来的一种无损检测技术。其扫描过程一般是 X 线通过检测目标，检测目标内的各部分会不同程度地吸收 X 线，从而使输出的 X 线具有不同程度的衰减，利用探测器采集衰减后的 X 线信息并传输给计算机，之后通过 CT 重建技术，得出被检测目标的二维或三维图像。

Nano-CT 技术与 FIB-SEM 技术进行材料三维重构的过程类似，都是在获取一系列二维形貌图片的基础上进行图像处理从而实现三维结构重构。但 Nano-CT 技术是利用 X 线的高穿透性对材料内部微观结构进行检测的，是一种非破坏性检测技术。

（二）颗粒内部孔隙结构

1. 常用电极材料

锂离子电池常用的碳负极材料、$LiCoO_2$ 和 $LiFeO_4$ 正极材料的比表面积通常很小，如碳负极材料中石墨负极材料的表面积通常小于 3 m^2/g，而硬碳为多孔结构，表面积较大。BET 氮吸附是测定比表面积及孔隙分布的常用方法。虽然氮吸附是表征孔径分布的常用方法，但吸附结果与可逆储锂的电性能关联并不好，有时相差很大。

2. 多孔电极材料

随着锂离子电池在电动车领域的广泛应用，动力锂离子电池对电极材料提出了更高的要求，如更快的充电速率和更高的功率密度等。这些性能与锂离子在电极材料中的固相扩散密切相关。锂离子在电极材料内部的扩散时间（τ_{EQ}）与扩散距离的平方（l^2）成正比，与扩散系数 D 成反比。合成具有更好锂离子通道的材料可以增大扩散系数，使用含有纳米尺度的材料可以缩短锂离子扩散距离，因此多孔电极材料受到人们的关注。

多孔电极材料具有如下优点。

（1）多孔材料的比表面积较大，具有更大的表面与电解质接触，有利于电极 / 电解质界面电荷转移。

（2）多孔材料孔壁较薄（几纳米到几十纳米），缩短了离子扩散距离。多孔电极的孔壁和孔隙是连续的，从而提供连续运输路径通过电解质相（孔）。

（3）多孔材料提高了活性物质的利用率（更多地利用体积，进行更深的循环），可以增加比容量，特别是在高倍率充放电时的比容量。

（4）孔隙率会降低体积比容量，但是与纳米颗粒电极相比，多孔电极具有更高的体积比容量。

（5）多孔电极材料有时可以不使用黏结剂或减少黏结剂用量，也可以与导电相复合，以提高导电性和高倍率容量，同时可以减少使用或不用导电剂。

（6）多孔电极材料的孔隙有助于抑制活性物质在循环过程中的生长，可以抑制纳米颗粒中微晶的不可逆相变，更好地适应循环过程中的体积变化。另外，合成复合多孔电极材料，可利用支撑结构来稳定循环过程中大体积变化脆裂的活性物质。

（7）与纳米颗粒相比，在多孔电极加工过程中，具有纳米尺度孔隙的大颗粒工艺性能更好。

多孔电极材料的孔隙结构可以通过制备方法及其工艺参数进行可控合成。常用的制备方法可以分为模板法和非模板法。

模板法中硬模板法合成电极材料具有有序介孔结构，空心球电极材料可以使用聚合物或二氧化硅球等硬模板剂合成。例如，在模板球表面包覆目标材料的前驱体，然后通过凝胶或热处理进行固化。为了保持包覆的颗粒处于分散状态，通常需要进行搅拌、超声处理或超声喷雾热解，最后通过高温处理或溶剂溶解除去模板球，从而制得空心球。另外，采用硬模板法可以合成多种电极材料，如 SnO_2、Sb 和 $Li_4Ti_5O_{12}$ 复合材料。

软模板法一般采用表面活性剂作为结构导向剂（SDAs），这种方法在合成介孔二氧化硅体系中得到了良好的应用，介孔可调控范围很大。表面活性剂和溶剂的种类、合成方法及工艺参数都会影响孔隙结构，该方法可以合成无规则孔隙以及六方、立方、层状和其他对称体系的有序孔隙。合成条件通常为低温水性反应或水热反应。非水体系通常用合成薄膜材料，如蒸发诱导。

除上述模板法以外，多孔材料也可以采用电极沉积法、超声波降解法、溶胶凝胶法和水热法等方法合成。例如，采用溶胶凝胶法合成介孔和大孔 V_2O_5 电极材料，在丙酮溶液中水解四丁基钛盐来合成纳米锐钛矿型 TiO_2 材料，孔径为 5 nm 左右。

二、多孔电极电化学性能

锂离子电池结构体系复杂，采用实验研究工作量较大，需要耗费大量时间和经费。将计算机数值仿真技术运用于锂离子电池研究，建立数学物理模型，全面和系统地捕捉电池工作过程中各物理场的相互作用机理，分析其演化规律，能够为优化电池结构设计提供理论支撑。

在固定电极厚度的条件下，随着电极孔隙率增大，孔隙中电解质的传输性能得到提高，活性物质的充放电比容量增大，然而由于电极中活性物质量减少，电池充放电容量降低。对电池放电容量来说，存在最佳孔隙率。对于 MCMB25-28 电极（固定电极厚度 50 mm，隔膜厚度 50 mm）来说，在电极孔隙率为 0.45 时，电极具有最大比容量，超过 300 mA·h/g；而对于 MCMB6-10 电极，最佳孔隙率为 0.38 ～ 0.40。

三、多孔电极结构稳定性

（一）电极膨胀及应力

多孔电极结构破坏是锂离子电池容量和循环性能衰减的主要原因之一，锂离子电池多孔电极在充放电过程中会发生体积膨胀和收缩。膨胀包括颗粒嵌锂和颗粒表面形成 SEI 膜引起的化学膨胀，以及黏结剂、隔膜和导电剂的吸液物理溶胀；而收缩主要由颗粒脱锂引起。这些膨胀和收缩在宏观上表现为电池厚度在充放电过程中的周期性变化。尤其是在嵌锂过程中体积膨胀倍数大的 Si 基和 Sn 基高容量电极材料，其膨胀或收缩更为显著。

膨胀或收缩引起的应力周期性变化会造成电极材料粉化失效和电极结构的疲劳破坏。采用 X 线断层技术可以原位观察到 SnO 在充放电过程中单个颗粒随时间变化的化学构图和三维形态变化。在充电初期，SnO 颗粒从表面逐渐锂化生成 Li_2O 和 Sn。随着充电的进行，颗粒内 Li_2O 和 Sn 逐渐增多，并且颗粒逐渐出现裂纹。这些裂纹沿着原有缺陷萌生和扩展，最终导致材料出现机械断裂和电极结构解体，造成电极材料粉化。

多孔电极应力来源主要有在嵌锂和脱锂过程中锂离子扩散引起的扩散诱导应力，形成固体电解质界面膜的压应力以及隔膜、导电剂和黏结剂在电解液中溶胀形成的压应力。反之，活性物质收缩时产生拉应力。

应力测量方法主要有激光束偏转法（LBDM）、多光束光学传感器法（MOS）和拉曼光谱法。其中，前两种方法测得的是平均应力，拉曼光谱测得的是局部应力。LBDM 基于斯托尼方程测量时电极衬底一端固定，电极应力的变化会引起衬底自由端位移，使反射激光束落点移动，通过几何关系得到衬底曲率的变化，进而应用斯托尼方程求得电极应力。斯托尼方程要求衬底为刚性，通常采用硅片或石英玻璃片，电极厚度远小于衬底厚度，为薄膜电极，方程中与电极相关的已知参数只有厚度。因此，测量应力时不需要知道充放电过程中活性材料的弹性模量、泊松比的变化和相变等。MOS 的原理与 LBDM 类似，也是基于斯托尼方程，不同的是采用了多光束阵列，测量的是不同光束的间距变化而非单个光束落点的位移，因此避免了振动的干扰。拉曼光谱法研究的是光的非弹性散射光，散射光频移对应材料本身的振动模式，材料的应变会导致振动频率变化，从而导致散射光频移发生变化，表现为拉曼峰频移，从而利用微区拉曼成像对材料的应变 / 应力分布进行测定。微区拉曼成像能以极高的分辨率（约 1 mm）给出电极应力的平面分布，但拉曼成像耗时较长，难以实现原位实时测量。

（二）应力分析与模拟

1. 颗粒应力分析

锂离子嵌入相同体积颗粒时，真实电极颗粒的扩散应力比理想球体的扩散应力大 45% ～ 410%，应力最大区域位于颗粒的尖锐凹陷处。因此，减小颗粒粒径、扩散系数、杨氏模量以及偏摩尔体积绝对值，可以降低电极颗粒的扩散应力。

金属硅和锡的体积膨胀十分明显，这种大倍数膨胀产生较大的内应力。研究发现，硅电极材料的充电速率越快，塑性形变速率越快，应力越大，越容易破裂。与硅类似，锡在充放电过程中也存在塑性形变，但锡的塑性形变与两相共存区存在明显的对应关系，而在单相阶段呈弹性形变。

2. 多孔电极应力分析

石墨电极在辊压后始终处于压应力状态，且压应力分布不均匀，通过真空烘烤可以得到部分释放。在充放电过程中，压应力在初期增长较快。电极膨胀内应力压缩隔膜，会导致隔膜孔径和孔隙率的减小，进而造成锂离子迁移不均匀、内阻增大，甚至引起内部短路。

四、锂离子电池多孔电极结构设计

上面讨论了多孔电极结构与电池电性能、结构稳定性之间的关系，为锂离子电池的设计提供了理论依据。下面简单介绍锂离子电池的极片结构设计。

（一）活性物质用量设计

为了确定极片中活性物质的用量，首先要确定电池的额定容量和设计容量。额定容量（C_r，单位为 mA·h）通常为电池的最低保证容量，根据电器的工作电流（I）和工作时间（t）计算得出，即

$$C_r = It \qquad (6-21)$$

在化学电源设计时，为了确保电器的工作时间，还应考虑内外电路电阻和电池容量随循环降低的影响，电池生产厂家提供的电池设计容量（C_d）一般要高出额定容量。

比容量是单位质量活性物质具有的放电容量。活性物质的理论比容量（单位为 mA·h/g）为

$$C_0 = \frac{nF}{M} \qquad (6-22)$$

式中：n——转移电子数；

　　　F——法拉第常数；

　　　M——摩尔质量，g/mol。

活性物质的实际比容量通常比理论值低，实际比容量与理论比容量的比值被称为活性物质利用率 η。活性物质实际比容量为

$$C = \eta C_0 \qquad (6-23)$$

活性物质的实际比容量或利用率通常要结合实际生产统计结果，或者通过小试或中试实验确定。

活性物质用量：

$$m = \frac{C_d}{(\eta \times C_0)} \qquad (6-24)$$

在锂离子电池容量设计过程中，通常以正极容量设计为标准，负极

容量通常高于正极容量，负极容量与正极容量的比值（δ）被称为正负极配比。

正极活性物质设计用量：

$$m_+ = \frac{C_d}{(\eta \times C_0)} \qquad (6-25)$$

负极活性物质设计用量：

$$m_- = \delta \times m+ = \delta \times \frac{C_d}{(\eta \times C_0)} \qquad (6-26)$$

正负极配比 δ 通常大于1。因此，在设计锂离子电池时，要求负极极片活性物质用量大于正极活性物质用量，防止金属锂在负极上析出，造成安全隐患。同时，要求负极涂层宽度和长度大于正极活性物质涂层的宽度和长度，防止卷绕时正负极发生错位导致金属锂在负极边缘析出。但是，δ 值也不能过大，以免造成负极浪费，或使正极材料容量发挥过大，造成电池的整体性能下降。

（二）电池极片结构设计

这里以方形电池卷绕极片设计为例进行讨论。极片设计包括集流体的尺寸、极耳位置、活性物质涂层位置、厚度和面密度等。

工作电流 I（通常为 1C）确定以后，活性物质涂层面积可以根据极片单位涂层面积允许的电流密度（i_0 单位为 A/m²）来确定。

正极涂覆总面积 S_c（m²）：

$$S_c = \frac{I}{i_0} \qquad (6-27)$$

则活性物质涂覆面密度：

$$\rho_s = \frac{m_+}{S_c} \qquad (6-28)$$

极片经过辊压后，活性物质涂层中单位体积活性物质的密度被称为充填密度 ρ_i。集流体厚度 h_0、正极极片厚度 h_c 之间的关系为

$$h_c = \frac{\rho_i}{\rho_s + h_0} \qquad (6-29)$$

当极片厚度一定时，通常充填密度越高，单位体积涂层中充填活性物质的摩尔质量 M 越大，电池容量越大。但是充填密度过高，极片中孔隙率和孔径变小，影响电解液润湿和离子电导率，使极化增大，发挥出来的比容量减小，电池性能劣化。当充填密度一定时，极片越厚，极片极化越大，活性物质性能越不容易发挥。设计时应该兼顾充填密度和极片厚度。负极的充填密度和极片厚度的设计与正极类似。

极片尺寸设计包括集流体厚度、长度和宽度，极耳厚度、宽度和长度，极耳和涂层的位置等。正极极片的宽度由电池尺寸确定，根据正极涂覆总面积 S_c 和宽度确定正极极片涂层长度，同时需要考虑极耳焊接预留空白长度以及卷绕设计的空白长度。由于正极极片为双面涂布，正极极片长度通常为正极极片涂层长度和留白长度之和的一半。为了保证卷绕时负极活性物质涂层能够覆盖正极活性物质涂层，负极宽度通常比正极长 1 mm 左右，长度通常比正极长 4 ~ 6 mm，具体数值随着正极长度的增加而增长。

需要指出的是，电池的极片结构与电池体积尺寸、电性能和安全性能密切相关，这些性能之间又相互影响，在设计过程中可谓牵一发而动全身，必须综合考虑。

第七章 动力锂离子电池

第一节 动力锂离子电池概述

动力电池通常是指为电动汽车、电动自行车、高尔夫球车以及电动工具提供动力源的电池，通常能在较长时间内中等电流持续放电，或在启动、加速或爬坡时大电流放电。与普通电池相比，动力电池具有容量大、倍率性能好、循环性能和安全性能好等特点。同时，动力电池通常是以串并联形式组成电池组使用的，严格要求单体电池的一致性。

一、动力电池简介

现有常用单体动力电池的性能参数如表 7-1 所示。相比其他电池体系，锂离子电池具有能量密度大、功率密度大、质量轻等特点。在搭载相同质量电池时，锂离子电池电动汽车续航里程最长，续航能力好，使其成为动力电池最受关注的电池体系，并逐步取代其他体系，成为动力电池的首选。

表 7-1　现有常用单体动力电池的性能参数

电池种类	标称电压/V	能量密度		功率密度/（W/kg）	循环寿命/次	自放电率/（%/月）	记忆效应	使用温度/℃
		质量能量密度/（W·h/kg）	体积能量密度/（W·h/L）					
铅酸电池	2.0	35	100	180	1 000	< 5	无	-15 ~ 50
镍氢电池	1.2	70 ~ 95	180 ~ 220	200 ~ 1 300	3 000	20	有	-20 ~ 60
锂离子电池	3.7	118 ~ 250	200 ~ 400	200 ~ 3 000	2 000	< 5	无	-20 ~ 60
锂硫电池	2.5	350 ~ 650	350	——	300	8 ~ 15	无	-60 ~ 60
锂空气电池	2.9	1 300 ~ 2 000	1 520 ~ 2 000	——	100	< 5	无	-10 ~ 70

（一）动力锂离子电池要求

能量密度是评价动力锂离子电池应用性能的一个最重要指标。现有单体动力电池的电量通常可以达到 50 A·h，再大就难以保证电池的使用安全了。目前单体动力锂离子电池能量密度可达 170 W·h/kg，组成电池组的电池能量密度通常低于该值。为了提高电动汽车的续航里程，需要大幅增加电池的数量，能量密度成为纯电动汽车发展的主要瓶颈之一。动力锂离子电池或电池组原则上必须满足如下要求。

1. 功率密度大

功率密度越大，单位时间内电池的输出能量越多，电动汽车的启动、加速和爬坡性能越优越。功率密度其实描述的是电池的倍率性能，即电池可以以多大电流放电。目前，单体动力电池的功率密度通常为 800 ~ 1 800 W/kg。由于受有机电解液电导率限制，动力锂离子电池的倍率放电性能较差。采用超级电容器和电池混合体系作为动力源可以提高功率密度，正常行驶采用电池输出，高功率使用时采用电容器输出。

2. 安全性能好

锂离子电池使用有机电解液，在过充、过放、短路、振动、冲击等情况下存在不安全性，尤其是电池的容量很大时，起火和爆炸引发的安全事故将更为严重，因此对动力锂离子电池的安全性要求更加严格。动力锂离子电池通常设有安全阀，保证使用时电池内部产生的气体和热量能够及时散发，防止燃烧和爆炸。

3. 电池一致性好

动力电池通常经过串并联装配成电池组使用，要求电池的一致性好，以便电池组中的单体电池能够步调一致地进行充电放电，从而有利于电源管理，延长电池组寿命。

4. 循环性能和搁置性能好

循环性能好会相应降低电池成本，提高电池的竞争力。普通手机电池的充放电循环次数通常为 300 ～ 500 次，而电动汽车使用寿命通常达到 10 年，电池充放电循环次数通常为 1 500 ～ 2 000 次。

5. 高低温性能好

通常要求电池在 -20 ～ 60℃的环境下甚至更极端条件下满足电动汽车或电动设备的正常使用需求。

6. 电池内阻小

降低电池内阻可以减小极化，降低发热量，提高电池的功率性能和安全性。

7. 散热性好

电池在大电流放电时热量能够及时散发，保证了电池温度在安全使用范围内。

8. 成本较低

锂离子电池是动力电池中成本最高的，成本成为锂离子动力电池发展的瓶颈之一。

（二）动力锂离子电池分类

动力锂离子电池按照电池是否组合使用通常分为单体电池和电池组，按照电性能分为能量型电池和功率型电池，按照用途分为电动汽车电池、电动自行车电池和电动工具电池。另外，动力锂离子电池还可以按照与常规锂离子电池类似的方法进行分类。

1. 单体电池和电池组

单体电池是直接从生产中获得的单个动力锂离子电池，工作电压通常为 3.7 V 左右，容量通常为 1.8 ～ 50 A·h，可以直接用于小型电动工具。电池组，也被称为电池包，通常是由多个单体电池串并联组合而成的，能量和功率都大于单体电池。为了便于制造、使用、管理和维修，通常先将多个单体电池串并联组成电池模块，再将模块串并联构成电池组，结构示意图如图 7-1 所示。

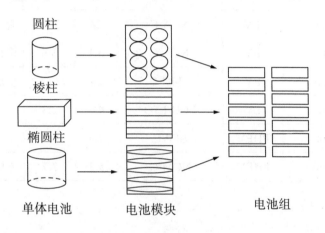

图 7-1 电池组结构示意

2. 能量型电池和功率型电池

动力电池通常要求功率性能较好。根据对功率性能需求的不同，单体电池或电池组又可以分为能量型电池和功率型电池。能量型电池通常具有较高的容量，能量密度可达 165 W·h/kg，但功率密度不高，通常为 800 W/kg，适合使用时间长而对功率要求不高的场合，如纯电动汽车。功率型电池需要满足瞬时大电流放电，通常具有较高的功率密度，可达 1 800 W/kg 甚至以上，但容量不高，适用于高功率需求但使用时间不长的场合，如混合电动汽车。但是能量型电池和功率型电池的技术指标没有明确的界限。

3. 电动汽车电池、电动自行车电池和电动工具电池

动力锂离子电池按照用途可以分为电动汽车电池、电动自行车电池和电动工具电池。单体电动工具电池的容量较低，通常为 1.8 ～ 3 A·h；电动自行车采用的单体电池的最低额定容量次之；电动汽车单体电池的容量通常最大，甚至超过 50 A·h。

目前，常见单体动力锂离子电池性能如表 7-2 所示。

表7-2 常见单体动力锂离子电池性能

汽车车型	电动车类型	正负极材料的化学组成	能量/A·h	电压/V	电池结构	生产厂家
Ford Focus Electic	EV	LMO（NCM）/C	23	3.7	叠层	LG Chem
Mini E	EV	NCM/C	35		圆柱	AC
Mitsubishi i-MiEV	EV	NCM/C	15	3.7	方形	LEJ
Nissan Leaf	EV	NCA/C	24	3.75	叠层	AESC
Tesla Model S	EV	NCA/C	3.1	3.6	圆柱	Panasonic
Renault Zoe	EV	LMO/C	24	3.75	叠层	LG Chem
Honda Fit	EV	LCO/LTO	4.2	2.3		Toshiba
BYD Qin	PHEV	LFP/C	2.6	3.2		BYD
Toyot Prius	PHEV	NCM/C	5.2	3.7	方形	PEVE

注：EV——纯电动汽车；

PHEV——插电式混合动力电动车；

LMO——锰酸锂；

NCM——$LiCo_xMn_yNi_{1-x-y}O_2$；

NCA——$LiNi_{0.8}Co_{0.15}Al_{0.05}O_2$；

LCO——钴酸锂；

LTO——钛酸锂；

LFP——$LiFePO_4$；

C——碳材料。

二、电动汽车动力电池

电动汽车可以依靠电能驱动，可减轻对化石能源的依赖，降低空气污染物排放，实现社会可持续发展，因此受到世界各国的广泛关注。发展电动汽车是缓解我国当前普遍存在的雾霾问题的重要途径之一，也是我国重点鼓励发展的领域。

电动汽车可以分为纯电动汽车（EV）、混合动力电动车（HEV）、插电式混合动力电动车（PHEV）三种，车型结构示意及电池组电性能如表7-3

所示。纯电动汽车是由电动机驱动的汽车，电池为电动机提供能量，能源转化率高，通常为普通汽油车的 2 倍，还具有无污染、零排放等特点。混合动力电动车是由内燃机和电动机共同驱动的汽车，汽油为发动机提供能量，电池为电动机提供能量，兼有内燃机车和电动车两者的特点，既提高了能量利用效率，又降低了排放，减少了污染。普通混合动力电动车的电池容量很小，不能外部充电，仅在起 / 停、加 / 减速的时候供应 / 回收能量，采用纯电模式行驶距离较短。插电式混合动力电动车的电池相对较大，可以外部充电，通常先以纯电模式行驶，当电池电量耗尽后再以混合动力模式（以内燃机为主）行驶。

表 7-3　电动汽车车型结构示意及电池组电性能

电动汽车类型	EV	HEV	PHEV
车辆结构			
能量 / kW·h	15 ~ 85	0.5 ~ 3	5 ~ 16
功率 / kW	80 ~ 350	2.5 ~ 50	30 ~ 150
电压 /V	200 ~ 350	12 ~ 250	200 ~ 350

　　不同电动汽车车形对动力锂离子电池组的能量和功率要求不同。纯电动汽车为了保证续航里程，需要电池组的能量较大，最大可达 85 kW·h。例如，Tesla 公司 Model S 车的电池组是将 7104 节松下 18650 型锂离子电池串联和并联结合形成额定容量为 85 kW、电压为 400 V 的电池组：先将 74 个 2 A·h 左右的单体电池并联成单元，再将 6 个单元串联成模块，最后将 16 个模块串联形成整个电池组。Nissan 公司 Leaf 车的电池组是将

192 个 AECS 的软包装电池并联叠合成单元，再将单元两串联两并联形成模块，最后将 48 个模块串联形成电池组，容量为 24 kW·h，输出功率在 90 kW 以上。混合动力电动车依靠汽油发动机和电动机提供动力，容量要求不高，通常为 10 ～ 16 kW·h；电池功率要求较高，为 40 ～ 150 kW。目前，电动汽车常用动力锂离子电池组的能量和性能如表 7-4 所示。

表 7-4　电动汽车常用动力锂离子电池组的能量和性能

公　司	汽车型号	电动汽车类型	年代	能量/kW·h	容量/A·h	电压/V	功率/kW	电池数量/个	质量/kg	能量密度/(W·h/kg)	里程/km
Smart	Fortwo	EV	2014	17.6	52	339	–	93	178	98.9	135
Nissan	Leaf	EV	2015	24	66	360	90	90	273	87.9	400
Volkswagen	e-up!	EV	2013	18.7	–	374	75	204	230	81	150
Audi	R8 e-tron	EV	2015	92	–	385	–	7 488	595	152	451
Tesla	Model S	EV	2015	60	245	400	–	7 104	353	170	526
BYD	E6	EV	2014	61.4	200	307	162	–	624	98.4	440
Chevrolet	Spark	EV	2015	18.4	54	400	120	192	215	85	132
Ford	Focus	EV	2015	23	75	350	–	–	287	80.2	322
Chevrolet	Volt	PHEV	2010	16	–	360	–	–	180	140	85.3[①]
Toyota	Rpius	PHEV	2012	5.2	–	345.6	–	288	160	–	20[①]
BYD	秦	PHEV	2014	13	26	500	–	156	–	–	70[①]
BYD	唐	HEV	2015	18.4	–	501.6	–	–	–	–	100[①]

注：①仅使用电池驱动行驶的里程（不计算燃气发动机驱动行驶的里程）。

第二节 单体动力锂离子电池电性能

一、单体动力锂离子电池电性能概述

对于电动汽车来讲,电池容量越大,单次续航里程越长;电池循环寿命越长,电池使用成本越低;倍率性能越好,汽车的启动、加速和爬坡性能越好。动力锂离子电池对倍率性能、循环性能和容量等电性能要求很高。动力锂离子电池的电性能与正负极材料、电解液、隔离膜、黏结剂、集流体、壳体和制造工艺等密切相关,需要有针对性地进行原材料选择、电池结构设计和生产工艺控制。下面主要从原材料和电池结构两方面进行讨论。

(一)原材料与电性能

1.正负极材料

动力锂离子电池通常采用的正极材料有锰酸锂(LMO)、磷酸铁锂(LFP)和三元材料(NCM/NCA)。锰酸锂电池理论容量为 148 mA·h/g,实际容量为 110 ~ 130 mA·h/g,工作电压为 3.7 V 左右,倍率性能、安全性能和低温性能优越,原料成本低,合成工艺简单。但是,其材料密度较低,存在 Jahn-Teller 效应、氧缺陷、Mn 溶解等缺点,导致高温循环性能较差。磷酸铁锂电池理论容量为 170 mA·h/g,实际容量为 135 ~ 153 mA·h/g,工作电压为 3.2 V 左右,具有很好的循环性能和安全性能,原料来源广泛、价格相对较低,环境友好;但其倍率性能差,电压平台低,材料密度低,电池能量密度不高,同时合成条件较为苛刻,产品一致性有待提高。三元材料 NCM 和 NCA 等作为正极材料制成的电池具有较高的比容量,通常为 135 ~ 160 mA·h/g,工作电压为 3.6 V 左右,具体与元素含量有关,能量密度相对于 LFP 电池和 LMO 电池有较大的提升,但其产气较严重和二次颗粒压实会破碎等导致循环性能不佳。

负极材料通常有改性石墨、中间相炭微球、硬碳和钛酸锂。石墨化中间相炭微球作负极制成的电池具有较好的倍率性能、循环性能和安全性能,但是成本较高。改性天然石墨作负极制成的电池容量高,但循环性能和安全性能较差。改性人造石墨作负极制成的电池容量较高，循环性能和安全性能好。硬碳材料的嵌锂电位高于 0.2 V（相对 Li^+/Li），作负极制成的电池具有倍率性能、循环性能和安全性能好等特点，但是容量低。钛酸锂的嵌锂电位为 1.5V（相对 Li^+/Li^-），作负极制成的电池具有零应变、循环性能和安全性能优异等特点，但工作电压较低，能量密度小，可用于对距离要求不高的短途电动汽车。

电极材料的颗粒尺寸、比表面积、导电性和孔隙率等因素都会影响电池的容量、倍率性能和循环性能。小尺寸颗粒可以缩短锂离子固相扩散路径，内部多孔颗粒可以提供更多的锂离子迁移通道，因此粒径较小的颗粒和内部有多孔结构的电极材料通常表现出较好的倍率性能。但是，粒径过小会导致库仑效率和充填密度低下，影响整体电池的容量。

2. 电解液

电解液也是影响动力锂离子电池倍率性能和循环性能的重要因素。电解液的导电性和黏度影响锂离子在电解液中的扩散系数和电池倍率性能，热稳定性和化学稳定性影响电池循环性能和安全性能。目前动力锂离子电池仍然以 UPF 为电解质盐、以碳酸乙烯酯（EC）和直链碳酸酯组成的混合溶剂为电解液。不同正负极材料体系需要开发相匹配的电解液。例如，$LiFeO_4$ 动力锂离子电池用电解液与普通电解液（$LiPF_6$/EC+EMC+DMC）相比，黏度较低，$LiPF_6$ 浓度偏高，并添加 PC（碳酸丙烯酯）溶剂或 VC（碳酸亚乙烯酯）、PS（亚硫酸丙烯酯）、BP（联苯）等各种功能型添加剂，从而提高电解液与正负极材料的兼容性和浸润性，提高锂盐的溶剂化程度、锂离子迁移速度和电子导电性，从而提高电池的电化学性能。动力锂离子电池用电解液中加入特殊添加剂 $LiMn_2O_4$，可抑制电解液中水分的产生和减少 HF 的含量，有效地抑制高温下 Mn 的溶解析出，提高电池的循环性能。

3. 其他材料

动力锂离子电池要求隔膜具有更高的孔隙率和较小的厚度，从而提高离子扩散速度，但这些改变会降低隔膜强度、抗冲击性和安全性，需要开发各种性能平衡的隔膜材料。导电剂形貌和含量对电极材料的倍率性能影响显著，增大导电剂含量能明显提高电池的倍率性能。黏结剂的性质也会影响极片的弹性：聚偏氟乙烯（PVDF）连接的表面积大，导致极片的弹性和循环寿命降低；水溶性人造橡胶黏结剂（WSB）黏结粒子的表面积小，极片具有较好的黏结性和弹性，能够吸收充放电过程中的体积膨胀和收缩，延长电池的循环寿命。

（二）电池结构与电性能

1.压实厚度和压实密度

电极极片的厚度和压实密度影响电池的倍率性能。极片越薄，锂离子在正负极材料内部的固相扩散距离越短。极片中孔隙率较高时，内部具有足够的孔隙，可提高电解液与极片的浸润程度，锂离子可以通过这些通道实现扩散。但是，极片孔隙率太大时，不利于极片做薄，同时容易导致导电性和压实密度下降。因此，电极极片的厚度和孔隙率需要找到一个平衡点，以达到最佳的锂离子迁移速率，提高倍率放电性能。通过调整活性物质颗粒尺寸、黏结剂配方以及极片压实密度能够获得适当的孔隙率，从而减小电解液与极片的阻抗，改善倍率性能。正负极极片压实密度与倍率性能关系如表 7-5 所示。

表 7-5　正负极极片压实密度与倍率性能关系

正极压实密度 / （g/cm³）	负极压实密度 / （g/cm³）	1C 放电容量 / mA·h	15C 放电容量 / mA·h	倍率放电比例 /%
3.0	1.5	863	713	82.6
3.5	1.5	874	828	94.7
3.8	1.5	856	758	88.6
4.1	1.5	867	634	73.1
3.5	1.3	871	792	90.9
3.5	1.7	859	680	79.2

2.集流体和极耳

正负极的集流体和极耳是锂离子电池与外界进行电能传递的载体，集流体和极耳的电阻值对电池的倍率性能也有很大的影响。因此，通过改变集流体和极耳的材质、尺寸大小、引出方式、连接工艺等，都可以减小集流体和极耳的电阻，改善锂离子电池的倍率性能，延长其循环寿命。

二、单体动力锂离子电池安全性

（一）热失控及安全性能

1.热失控现象

锂离子电池的燃烧或爆炸主要是由热失控造成的。过充电、短路和加热等都可能引起放热反应，产生大量的热，如果不能及时散热就容易导致热失控。在电池过充电时，可采用外接热电偶测定锂离子电池壳体的温度变化情况。

2.电池的放热反应

锂离子电池热失控可能是由电池整体化学反应放热，或者局部化学反应发热，或者环境温度导致电池升温导致的。电池内部的放热反应包括焦耳热、化学反应热、极化热和副反应热。

（1）焦耳热。按照欧姆定律，电流产生的焦耳热为 $Q=I^2Rt$，与电池使用的电流和内阻有关。相同电流下，电池内阻越小，发热量越小；电池使用电流越小，发热量越小。在电池内部不同位置具有不同的电阻，不同位置的温度也会不同，如极耳位置发热明显。

（2）化学反应热。化学反应热是电池工作过程中各组分之间发生化学反应而产生的热量。电池内部发生的化学反应既可能是吸热反应，也可能是放热反应。

（3）极化热。锂离子电池的极化包括欧姆极化、浓差极化和电化学极化。大电流充电时，浓差极化与电化学极化均会增加，从而产生热量。

（4）副反应热。在使用不当的情况下，电池内部温度会快速升高，达到某一值后电池内部各组分会逐渐发生副反应，产生更多的热量，使温度继续升高，进一步加剧电池内部反应的进行，形成恶性循环。当电池内部的热量积累到一定程度时就有可能发生热失控。

目前，锂离子电池在使用不当时的放热反应主要有 SEI 膜的分解反应、正极活性材料的分解反应、电解液的分解反应、嵌入的锂与电解液的放热反应、嵌入的锂与氟黏结剂的放热反应、过充电形成的锂金属与电解液和黏结剂发生的反应等。

3.热失控防止途径

锂离子电池热失控的防止主要从电池结构设计、制造工艺、原料选择以及电池组管理等途径来考虑。

（1）电池结构设计。电池结构合理，可使电池温度均匀，热量容易散出，避免局部过热引发副反应；减小电池的内阻，可减小电池的正常发热量。同时，设计电池安全阀，当出现热失控时释放电池的内压，防止发生危险。

（2）设备和工艺控制。结构稳定的电池，内部绝缘性能好，在不良使用环境下仍然具有良好的绝缘性。极片、极耳等金属部件毛刺短而少，能够防止在振动、坠落等情况下的内部短路隐患。因此，对生产设备、生产工艺条件和检测具有更严格的要求。

（3）电池原材料的选择。电池原材料通常包括正负极材料、电解液及添加剂。选择热稳定性好和放热量小的正负极材料，可以减少反应热生成和副反应放出的热量。在电解液中添加阻燃、过充保护等添加剂，可以增加电池在过充、高温等情况下的安全性。

（二）电池结构与安全性能

1.电池温度分布

电池内部的温度分布可以通过热成像技术进行测试，也可以通过有限元计算方法来模拟。电池表面的温度分布是不均匀的，正负极极耳处温升较快，其他区域温度变化趋势一致且温度变化较小，这与电池内部的电流密度分布是对应的。电池极耳与集流体接触面积有限，内阻较大，发热较高。在锂离子电池结构设计过程中，通过调整极耳引出位置、增加极耳数量和宽度以及改变极片的长宽比例等方式，可以降低电池内阻，减少发热。

电池的结构和壳体材质对电池温度分布也有影响。圆柱动力锂离子电池的卷绕电芯内部的电流路径长，内阻大，同时卷绕的能量集中，安全性能相对降低，且极片和隔膜在电池充放电过程中受到的局部应力非常不一致，易出现极片断裂和其他问题。更多厂家采用方形卷绕或叠片式的铝塑膜软包结构电池。叠片电池的内阻小，100 A·h 的动力电池内阻小于 0.8 mΩ，是卷绕电池的 1/5，散热也更为合理。传统的电池硬质外壳能够较好地抑制内部形变，具有较高的耐内压能力，但存在一定的安全问题。例如，钢壳电池出现短路等情况时，热量不能及时散出，电池内部升温，容易爆炸或燃烧。而铝塑复合膜电池，厚度薄、散热性好、内部接触及热特性好、闲置空间小、内部压力容易释放、质量轻，存在的问题是铝塑膜的机械强度不足、封装部位的耐久性有待实际验证等。

2. 安全装置

安全装置作为辅助措施可以提高锂离子电池的安全性，如圆柱形锂离子电池的盖子和方形壳体设置的安全阀。当电池内部气体压力达到额定值时，安全阀打开排出气体，防止电池内部气体压力过高造成爆炸。对于铝塑膜包装的电池，虽无法加装安全阀，但是在内部压力增大时，铝塑膜会发生膨胀达到卸压的目的。

圆柱形锂离子电池的盖子中的正温度系数热敏电阻元件（PTC）具有电阻随温度的升高而急剧上升的特性。PTC元件的基体材料主要分为陶瓷和导电聚合物两类，当电池发生过充或外短路时，大电流流经PTC元件，PTC元件的温度由于欧姆阻抗发热而急剧升高，导致其电阻迅速增大，限制电流并使其迅速减小到安全范围，从而有效地保护电池。

（三）设备工艺与安全性能

1. 动力锂离子电池设备

动力锂离子电池的生产工艺与小型锂离子电池类似，这里不再赘述。与小型锂离子电池相比，动力锂离子电池的生产对工艺、装备和管理等提出了更高的要求，其主要特点如下。

（1）大型化。由于动力锂离子电池的容量明显高于现有小型锂离子电池，因此设备的尺寸相应增大。例如，大尺寸全自动卷绕设备，应能够适应电芯的宽度（> 100 mm），全自动叠片设备应该可以生产具有100 ～ 200 层叠片的电池。同样，焊接机和注液机等也需要大型化，以适应动力锂离子电池的制备要求。

（2）精密化和自动化。由于动力锂离子电池对一致性的要求较高，高精度的设备可以减少制备过程工艺参数控制误差，自动化的设备可以减少由人工操作引起的工艺参数波动，从而提高电池的一致性。要求中大尺寸全自动卷绕设备的端面精度 < 0.1 mm，要求全自动叠片设备的叠片精度 < 0.3 mm，精密自动涂布机的涂覆精度 < ±0.003 mm。

（3）高效率。动力锂离子电池的生产，引入了先进的生产设备，改变了之前手工、半自动化的生产状况。采用自动化设备对隔膜及极片进行分切、检测检验、分选等，可降低成本，提高生产效率，提高产品质量和管理水平。例如，先进涂覆设备的涂覆速度已经超过 10 m/min。

2. 电池的安全性能问题

电池的安全性能问题在很大程度上是由制造过程的缺陷引起的，如极片厚度不均匀、极片和极耳毛刺的产生、电芯的松紧度、灰尘的引入和极片吸水等。因此，减少或避免制备过程中产生的缺陷是锂离子电池生产环节控制的重点。

（1）极片厚度不均匀。极片厚度的不均匀影响锂离子在活性物质中的嵌入和脱嵌，容易导致极片各处的极化状态不同，金属锂可能在负极表面沉积产生枝晶，导致内短路。

（2）极片和极耳毛刺的产生。极片的铜箔和铝箔以及极耳上的毛刺容易刺穿聚合物隔膜，产生微短路。因此，在极片和极耳的分切过程中要严格控制切刀的状态，减少毛刺的出现，或者利用新型分切技术来减小毛刺，如极片激光切割机或激光极耳成型机的制片效果远比刀模极片冲切机、极耳焊接机等要好，毛刺小且速度快。

（3）电芯的松紧度。电极材料充放电过程中的膨胀以及电芯结构厚度不均衡、隔膜收缩、电芯内部转角处极片层与层之间的间隙过小等因素都会导致方形卷绕电芯的变形。在电芯卷绕过程中要控制卷绕张力波动范围，保持电芯内部极片层与层之间的距离，使电极各部分膨胀有足够的空间，从而减小方形电池电芯变形。

（4）灰尘的引入。在锂离子电池生产过程中，可以采用专门的刷粉吸尘装置，有效地避免粉尘的不良影响。采用真空吸盘式自动机械手从料盒中取放极片，避免了极片制作过程中人手与极片的直接接触，减少了极片的掉粉。

（5）极片的吸水。制造过程中吸入的水分会与锂盐反应生成腐蚀性很强的氢氟酸，将正极活性物质或杂质溶解，溶解出的金属离子在低电位的负极析出，逐渐生长成枝晶，形成内短路。因此，在锂离子电池生产过程中，需要保证原料的纯度，严格控制电池制造过程中的环境湿度，防止水分混入。

（四）原材料与安全性能

影响电池安全性能的原材料主要有正负极材料、电解液、添加剂及隔膜等，各种材料对安全性能的影响具体讨论如下。

1.正负极材料

正极材料的安全性主要包括热稳定性和过充安全性。在氧化状态下，正极活性物质发生分解，并放出热量和氧气，氧与电解液继续发生放热反应；或者正极活性物质直接与电解液发生反应。常见正极材料 $LiMnO_4$、$LiFePO_4$ 和三元材料 $LiNi_{3/8}Co_{1/4}Mn_{3/8}O_2$ 的热稳定性如表 7-6 所示。$LiMnO_4$ 在受热过程中氧的释放量最小，被认为是最安全的正极活性物质，但其在 50℃以上高温循环时容量衰减过快，导致 $LiMnO_4$ 动力电池的高温稳定性降低和使用寿命缩短。$LiFePO_4$ 结构中 $PO_4{}^{3-}$ 阴离子可以形成坚固的三维网络结构，热稳定性和结构稳定性极佳，安全性和循环寿命最好。三元材料的安全性和高温循环性能与 $LiFePO_4$ 还存在一定的差距。

表 7-6　常见正极材料的热稳定性

正极材料	放热起始温度 /℃	放热峰值温度 /℃	放热量 /（J/g）	电压状态（相对 Li⁺/Li）/V
$LiMnO_4$	209	280	860	4.4
$LiFePO_4$	221	252	520	3.8
$LiNi_{3/8}Co_{1/4}Mn_{3/8}O_2$	270	297	290	4.4

在负极材料中，改性天然石墨和石墨化中间相炭微球的嵌锂电位较低，有可能析锂；石墨化中间相炭微球的安全性能优于人造石墨和天然石墨。硬碳和钛酸锂的嵌锂电位较高，能够有效防止析锂的产生，从而具有良好的安全性能。钛酸锂具有良好的热稳定性，安全性能最高。

影响锂离子电池安全性能的因素还包括正负极活性物质的颗粒尺寸及表面 SEI 膜等。活性物质颗粒尺寸过小会导致内阻较大，而颗粒过大在充放电过程中则会膨胀收缩严重。将大颗粒和小颗粒按一定比例混合可以降低电极阻抗，增大容量，提高循环性能。良好的 SEI 膜可以降低锂离子电池的不可逆容量，改善循环性能、热稳定性，在一定程度上有利于减少锂离子电池的安全隐患。

2. 电解液

动力锂离子电池电解液通常选择熔点低、沸点高、分解电压高的有机溶剂，不同组分电解液的分解电压不同，如 EC/DEC（1∶1）、PC/DEC（1∶1）和 EC/DMC（1∶1）的分解电压分别为 4.25 V、4.35 V 和 5.1 V。同时，在电解液中添加剂也可以起到提高过充安全性、阻燃以及电压等作用。常用的动力锂离子电池电解液添加剂如表 7-7 所示。

表 7-7　常用的动力锂离子电池电解液添加剂

功　能	添加剂
SEI 成膜促进剂	CO_2，SO_2，CS_2
正极保护剂 $LiPF_6$ 盐稳定剂	N，N′- 二环己基碳二亚胺 二草酸硼酸锂 1- 甲基 -2- 吡咯烷酮 氟化氨基甲酸酯 六甲基磷酰胺
过冲保护剂	甲氧基苯类化合物 联吡啶或联苯碳酸盐
阻燃添加剂	磷酸三甲酯 氟化烷基磷酸酯

3. 其他材料

隔膜的安全性和热稳定性主要取决于其遮断温度和破裂温度。遮断温度是指使多孔隔膜熔化导致微孔结构关闭，内阻迅速增加而阻断电流通过时的温度。遮断温度过低时，隔膜关闭的起点温度太低，影响电池性能的正常发挥；遮断温度过高时，隔膜不能及时抑制电池迅速产热，易发生危险。隔膜的破裂温度高于遮断温度，此时隔膜被破坏、熔化，导致正负极直接接触形成内短路。从电池安全性角度考虑，隔膜的遮断温度应该有一个较大的范围，使隔膜不易被破坏。

动力锂离子电池的隔膜材料主要有单层 PE（聚乙烯）膜、PP（聚丙烯）膜、PP-PE-PP 复合膜以及陶瓷涂层隔膜。PE 膜、PP 膜以及 PP-PE-PP 复合膜的遮断温度分别为 130～133℃、156～163℃和 134～135℃，破裂温度分别为 139℃、162℃和 165℃。因此，PP-PE-PP 复合膜的安全性比单层膜好。低熔点的 PE 膜在温度较低时起到闭孔的作用，而 PP 膜又能保持隔膜的形状和机械强度，防止正负极接触。但是 PP-PE-PP 复合膜高温收缩率大，强度和安全性能有待提高。采用聚对苯二甲酸乙二醇酯（PET）无纺布隔膜、聚亚酰胺和聚酰胺新型隔膜、有机 / 无机复合膜以及陶瓷涂层隔膜，可提高动力锂离子电池的强度、高温稳定性和安全性能。

三、单体动力锂离子电池一致性

原材料的不均匀及生产过程的工艺偏差都会使电池极片厚度、活性物质的活化程度、正负极片的微孔率等存在微小差别。因此，同批次投料产出的电池，质量、容量、内阻等参数不可能完全一致。

电池的一致性是指对一定数量的电池进行性能测试，测试参数落在规定范围内电池数量的一种描述。在规定范围内的电池数量越多，其一致性越好。也可以理解为测定值在设计值附近波动，波动范围越小，一致性越好。动力锂离子电池通常需要串并联形成电池组来使用，因此与小型手机电池相比，其对单体动力锂离子电池的一致性要求高。由于原材料、制备过程的差异，没有任何两个电池的性能是完全相同的。不同类型的电动汽车对电池一致性的要求也不同。容量型动力电池对电池容量和电压一致性要求较高，以满足续航里程和寿命较长的要求。功率型动力电池对电压和内阻一致性要求较高，对容量一致性要求相对较低。

（一）电池一致性指标

单体电池的一致性包括外形尺寸和电性能参数等众多指标的一致性。单体动力电池的一致性主要关注非工作状态下的电性能指标差异和电池工作状态下的电性能指标差异。非工作状态的电性能指标差异包括电池容量、内阻和自放电率的差异，电池工作状态下的电性能指标差异包括电池荷电状态和工作电压的差异。

1. 容量一致性

电池容量一般指电池当前的最大可用容量，即电池在满充条件下恒流放出的电量，它是衡量电池性能的重要参数之一。影响电池容量的因素较多，对于同一型号电池而言，除了单体内部差异外，外部测试条件，如温度和放电倍率等也会显著影响电池容量。若要评价电池容量的一致性，则必须保证在相同的外部条件下测试。以某型标称容量 8 A·h 的锰酸锂功率型动力电池为例，在 20℃、1C 放电倍率下测得其单体电池的容量呈正态分布，且更接近威尔分布，这与电子元器件的质量分布类似。

2. 内阻一致性

动力锂离子电池内阻包括欧姆内阻和电化学反应中表现出的极化内阻两部分。欧姆内阻由电极材料、电解液、隔膜电阻和各零件的接触电阻组成，极化内阻是电化学反应中由电化学极化和浓差极化等产生的电阻。

对于动力锂离子电池，还常用直流内阻这个概念来表征电池的功率特性。直流内阻往往包含欧姆内阻和一部分极化内阻，其中极化内阻所占比例受电流加载时间的影响。在电池两端施加一个电流脉冲，电池端电压将产生突变，其直流内阻可用下式表示：

$$R_d = \frac{\Delta U}{\Delta I} = \frac{U(t) - U_0}{\Delta I} \qquad (7-1)$$

式中：ΔI——电流脉冲；

$U(t)$——t 时刻的电池端电压，V；

U_0——初始电池端电压，V。

以同一批次某型标称容量为 8 A·h 的锰酸锂功率型动力锂离子电池为例，在 20℃、1C 脉冲放电加载 1s 下测得的直流内阻的离散程度较容量更为明显，且同批次电池的内阻一般满足正态分布的规律。

3. 自放电率一致性

自放电是电池在存储中容量自然损失的一种现象，一般表现为存储一段时间后开路电压（U_{oc}）下降。因此，一般对于自放电率可以采用下式计算：

$$\eta_{sd} = \frac{f_{oc}(U_{oc} - U_{oc0})}{100} \qquad (7-2)$$

式中：f_{oc}——与荷电状态（SOC）的关系函数；

U_{oc}——电池开路电压，V；

U_{oc0}——初始开路电压，V。

4. 荷电状态一致性

电池的状态主要是指电池的荷电状态（SOC）和端电压，它们决定了电池的工作点，是影响电池寿命的主要因素之一。并且电池状态与单体电池性能参数具有耦合作用，状态的不一致会进一步影响参数的不一致。SOC 是指电池使用一段时间或长期搁置不用后的剩余容量与其完全充电状态的容量的比值。对车用动力锂离子电池来说，SOC 定义为

$$SOC = SOC_0 - 100 \times \int \frac{I\,dt}{C_{nom}} \qquad (7-3)$$

式中：SOC_0——初始 SOC 值；

C_{nom}——电池单体恒流放电的容量；

I——电流，一般放电时 $I > 0$，充电时 $I < 0$。

SOC 对于动力锂离子电池系统乃至整车的能量管理来说都是一个十分重要的参数。

5. 端电压一致性

对于动力锂离子电池而言，其外部特性可以用如图 7-2 所示的单体动力锂离子电池等效电路模型来描述。图中 R_{dl}、C_{dl}、R_{diff} 和 C_{diff} 描述双电层电容效应及扩散效应等带来的极化现象，R_Ω 为电池的欧姆内阻。从模型可以看出，在同样电流激励下，单体电池的性能参数差异最终表现为电池单体端电压的不一致，这是单体动力锂离子电池性能参数和状态不一致的综合表现。

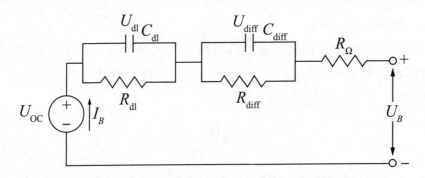

图 7-2　单体动力锂离子电池等效电路模型

（二）电池一致性影响因素

影响单体动力锂离子电池一致性的因素有很多，贯穿整个电池的设

计、制造、储存和使用等各个环节，主要可分为原材料、生产设备和工艺两个方面。

1. 原材料

单体动力锂离子电池所用的原材料和辅料有几十种，每种材料本身就存在不一致的现象，几十种原材料不一致的叠加，将导致锂离子电池具有很大的不一致性。

不同批次生产的原材料的粒度形貌、比表面积、密度以及杂质成分有所不同。不同批次电解液成分不同，有可能导致电解液的介电常数、导电性、黏度、密度等也有所不同。因此，电池厂家都有严格的质量检测标准和原材料的允许波动范围，波动范围越小，原材料和电池的一致性越好。

为了进一步提高电池的一致性，有必要研究电池原材料检验指标波动对一致性的影响规律，找到影响电池一致性的关键指标，通过控制这些关键指标在合理范围内的波动，进一步提高电池的一致性。

2. 生产设备和工艺

单体动力锂离子电池从原材料到成品电池需要经过制浆、涂膜、装配和化成等多道工序，每道工序制造精度、稳定性和生产工艺等差异都可能造成单体动力锂离子电池的一致性差异。目前，工艺一致性主要研究工艺微小波动对电池性能变化幅度的影响，根据电池的一致性要求来确定单体动力锂离子电池一致性对制备工艺波动的耐受程度，从而制备出一致性好的电池。

制浆过程中，配料和搅拌对电池性能的影响非常大，但是具体效果和影响在工序完成后难以直接观察，需要大量的生产经验和实验结果才能确定最合适的配料比例和搅拌方法。搅拌需要达到将活性材料、导电剂和黏结剂均匀分散的效果，但由于工艺条件限制，搅拌不可能使材料完全均匀分散，导致局部活性物质、黏结剂和导电剂比例不一，造成电池性能不一致。

涂布过程中，影响涂布质量的因素有很多，涂布头精度、涂布机运行速度、动态张力控制、平稳性、极片干燥方式、温度设定曲线和风压大小等都会影响涂布质量。涂布过程中极片厚度、质量的一致性，对电池的性能一致性有着很大影响，对保证涂布均匀至关重要。

辊压过程中，在涂布均匀的情况下，压实密度取决于辊压厚度。在辊压过程中容易产生厚度不均匀，造成极片压实密度不一致，从而导致同一批电池一致性出现偏差。辊压厚度主要取决于辊缝、轧辊刚度、轧辊偏心、极片活性物质变形抗力等因素。一般来说，极片厚度随空载辊缝增加而增大，随轧辊刚度增加而减小，随极片活性物质变形抗力增加而增大。

电芯装配过程中，电芯的松紧度和正负极与隔膜的相对位置对电池的一致性影响明显。电芯越紧，在注液过程中越难以浸润，容量发挥越不完全；电芯越松，正负极片之间距离越大，电池内阻越大。同时，电芯在充放电过程中会发生膨胀，内阻增大。从尺寸上说，需要保证隔膜完全包住负极，负极完全包住正极，且正极与负极不能有直接接触，以保证电池的安全性能。

注液和化成过程中，在电解液量相差不到 4% 的情况下，电池初始容量和循环性能都有较大区别，为了保证电池一致性能良好，必须使注入的电解液量均匀一致。在注液过程中，首检完成后还要注意抽检，对一定数量的电池进行注液后需要确定注液量的精确值并适时调整。化成工序采用锂离子电池化成柜，能够同时对多个锂离子电池进行化成预充，可以尽量保证化成过程中各电池所处环境相同，但也要注意防止在特殊情况下各通道之间电流不均匀造成的电池化成不一致。

设备自动化程度和精度越高，生产的电池的一致性越好。

（三）筛选指标与一致性

虽然单体动力锂离子电池生产制造工艺水平在不断提高和完善，但不可能完全消除单体动力锂离子电池的不一致，必须采用合适的指标对单体动力锂离子电池进行筛选。筛选方法主要有以下几种。

1. 静态容量匹配法

根据锂离子电池在相同充放电条件下不同放电容量的匹配程度进行筛选。这种方法操作方便、分选容易。但容量的分选是在特定的充放电条件下进行的，只能说明电池容量的静态匹配，不能全面反映电池的其他性能，存在一定的局限性。

2. 内阻匹配法

根据锂离子电池的内阻进行筛选。内阻一致的电池组成的电池组通常具有更长的使用寿命。内阻体现了电池内部的极化情况，可以瞬间测量，筛选简单，但内阻的测量精准度还有待提高。

3. 电压匹配法

根据锂离子电池两端电压进行筛选。电压又分为空载电压和动态电压。利用空载电压匹配的操作简单，但不精准；动态电压是电池在带负载工作过程中的电压变化，但电压一个参数不能反映电池的容量、内阻等其他性能，也存在一定的局限性。

4. 动态特性匹配法

动态特性匹配法是模拟电池组的实际工作条件，设定一定的测试条件对单体电池施加电压、电流并记录充放电曲线，然后分析对比这些充放电曲线进行筛选。电池动态特性曲线是单体动力锂离子电池在充放电过程中端电压随时间和电流变化的曲线，它不仅体现了电池端电压随时间的变化，还体现了充放电过程中容量、充放电电压平台、电池内阻和极化情况等电池的大部分性能特征。动态特性匹配法具体的分选方法又包括阈值法、面积法、轮廓法、数字滤波法以及斜率法等。

静态容量匹配法、内阻匹配法和电压匹配法都是以电池单一性能参数进行筛选的，具有操作简单、方便的优点，但反映出的电池性能不全面，筛选出的单体电池一致性不高；采用动态特性匹配法筛选的单体动力锂离子电池的一致性最好，但筛选工序复杂。

为了筛选出一致性较好的单体动力锂离子电池，有些厂家采用几个性能综合筛选，如利用容量和内阻一起进行分选，或者结合电池容量、内阻和电压对电池进行分选。目前，配组的单体动力锂离子电池的分选条件一般为放电容量（0.2C）差 < 3%，内阻差 < 5%，自放电率差 < 5%，平均放电电压差 < 5%。

提高筛选标准可以提高电池一致性，但是会导致电池废品率升高，生产成本增加。

（四）一致性与电池组性能

1. 电池组容量

当电池组中所有单体电池的容量和内阻都一致时，在相同倍率条件下进行放电，单体电池的容量从 SOC 为 100% 逐渐减小并且步调一致，电池组将保持平衡状态。在实际电池组中，单体电池的初始容量和电压一致性的差异，或者电池内阻一致性的差异，会导致单体电池 SOC 不同，电池组失衡。例如，某个单体动力锂离子电池充电达到饱和（SOC 为 100%），整个电池组不能继续充电，而其他电池仍处于未完全充电状态。相反，当某个单体电池放电至完全状态（SOC为0%）时，整个电池组不能继续再放电使用，而其他单体电池仍然有一些电荷未能放出。

为了保持电池组的平衡，必须减小所有单体电池的SOC范围，从而导致整个电池组的使用容量降低。如果电池平衡状态的SOC为0%～50%，则这个电池组的容量几乎减半。在极端情况下，电池将严重失衡，所有电池停止充放电，此时整个电池组容量几乎为0。

在实际电池组中，一致性较差的单体动力锂离子电池可能会导致实时电压分配不均，造成过压充电或欠压放电，引起副反应，从而引发安全问题。

2.电路设计

下面从串联、并联电路以及串并联电路三方面分别讨论电池一致性对电池组的影响。

（1）串联电路。串联电路中，流经各单体动力锂离子电池的电流相等，如果某个电池的容量较低，充电时会先达到充电截止电压，放电时会先达到放电截止电压。因此，在串联电池组中，电池组最大容量是由容量最小的单体电池所决定的。另外，容量较低的电池容易出现过充或过放现象，严重影响电池组的性能。在串联电路中，内阻较高的单体动力锂离子电池在充电时会先达到充电截止电压，放电时也会先达到放电截止电压，这与容量的影响类似。另外，内阻较大的单体电池也容易出现过充或过放现象。串联电池组各电芯的初始电压不一致会导致电压较高的单体动力锂离子电池过压充电，而电压较低的电池会欠压放电，从而引起过充或过放现象。并且，电压差异越大，安全问题越严重。

（2）并联电路。在并联电路中，各单体动力锂离子电池的能量可以在各个单体之间自由流动。在充电过程中，容量小的电池会先达到较高电压，然后向其他电池充电；在放电过程中，容量大的电池电压下降慢，电压相对较高，会向容量小的电池充电。这既造成了能量的浪费，又额外地进行了充放电，损耗了电池的寿命。

在并联电路中，各单体动力锂离子电池两端的电压是一致的。内阻较高的单体电池流经的电流较小，在充放电过程中充入/放出的电量较小。内阻较低的单体动力锂离子电池流经的电流较大，长时间充放电过程会对其寿命产生不可逆的损耗。

（3）串并联电路。在实际电池组中，单体电池既有串联又有并联，如图 7-3 所示。不同的连接方式对电池组性能的影响不同。在先串联后并联的电池组中，由于单体动力锂离子电池电压的不一致，在串联组中电压差的累计有逐步累加和相互抵消两种情况。在实际测试中，串联组之间都存在一定的电压差，并且电压差随放电深度的增加而增大，能量损失将更大。另外，电池之间的互充电还将对放电过程产生阻碍。

在先并联后串联的电池中，先并联的电池虽然也存在互充电现象，但单体动力锂离子电池的相对电压差较小，互充电能耗较小，并且只影响并联的几块电池，作用范围小。这种小范围的互充电将对电池产生均衡作用，补充充电不足的电池，这种连接方式对电池的均衡作用是比较显著的。因此，建议采用先并联后串联的方法连接电池组。

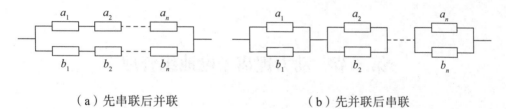

（a）先串联后并联　　　　　　　　　　（b）先并联后串联

图 7-3　典型连接可靠性分析模型

3. 电池组寿命

以国内某电动公交车的车载动力电池组为例，为了简化计算，假定容量衰减系数为定值，令 $f(C)=0.999$ 和 $f(C)=0.9999$，分别计算正常放电深度（DOD）为 80%，单体动力锂离子电池循环寿命为 300 次、600 次、1200 次时成组电池组的使用寿命，计算结果如表 7-8 所示。从理论分析和实例分析可以看出，电池的一致性是影响电池组使用寿命最关键的因素，电池一致性越高，使用寿命越长。电池组的实际使用寿命远远低于上述理论计算值：该车载动力电池组中单体动力锂离子电池使用寿命均在 1000 次以上，但是电池组在使用 150 次后容量就出现严重的衰减，抽检的部分单体动力锂离子电池容量已低于电池额定容量的 80%。

表 7-8　在不同衰减系数下电池组的理论使用寿命

衰减系数	单体电池使用寿命 / 次	电池组使用寿命 / 次
0.999	300	220
	600	330
	1 200	361
0.999 9	300	291
	600	565
	1 200	1 064

第三节　动力锂离子电池组管理

一、电池组管理系统简介

锂离子电池组的管理系统主要包括以下功能：单体动力锂离子电池电压、电流和温度参数采集，SOC 和健康状态（SOH）估计，充放电控制和容量均衡，温度控制，故障保护，与外部设备通信功能等。

在管理系统中，单体动力锂离子电池参数采集是管理的基础和依据，通常需要测量电压、电流和温度。电压测量通常采用继电器切换技术、浮地技术、共模检测或差模检测技术等专业电工技术。测量单体动力锂离子电池的电压可以估计单体动力锂离子电池的 SOC，也是判断电池过充过放和进行安全保护的依据，因此需要对电池的电压进行实时检测。目前单体动力锂离子电池的电压采集精度通常为 5 mV。电流测量一般采用霍尔电流传感器，通过电流可以判断单体动力锂离子电池的过流和估计电池的 SOC。温度检测一般采用温度传感器，通过温度检测为温度控制提供判断依据，对剩余容量计算进行补偿，同时可以防止温度过高发生安全事故。通过检测可以判断电池是否出现过充、过放、过温、过流和短路等不安全状态，出现不安全状态时，故障保护系统适时关闭单体动力锂离子电池或电池组，起到保护电池组的目的。外部设备通信功能主要是各模块的信息交换以及人机互动。下面重点介绍电池状态评估、电池充放电及均衡控制、电池组温度控制。

二、电池状态评估

（一）SOC

SOC 决定了电动汽车的续航里程。评估 SOC 的主要方法有库仑计量法、内阻法、混合法、基于数学模型的卡尔曼滤波法、人工神经网络法、模糊法等。

库仑计量法是通过计算电池组电流与时间的积分来计算锂离子电池组充入和放出电量，再与电池的额定电量比较来估算电池的 SOC 的。库仑计量法是目前最常用的方法，测量简单稳定，精度也相对较好，但测量电流出现累计误差。SOC 可用下式计算：

$$SOC = SOC_0 - \frac{1}{C_N}\int_{t_*}^{t}\eta I \, dt \tag{7-4}$$

式中：C_N——额定容量，$A \cdot h$；

I——电池电流，A；

η——充放电效率。

电池内阻也被称为欧姆内阻，其值在理论上等于充放电电流建立或消失的瞬间（如小于 10ms），电池端电压的变化量与电流的比值。由于电池内阻受测量时间和工作阶段等因素影响，靠内阻来判断电池 SOC 的准确性较差。

混合法是指将库仑积分法与开路电压法或内阻法相结合的方法，通过开路电压法 / 内阻法的定期校正，使用库仑积分法得到精准的剩余电量。该方法已经广泛应用于多种笔记本电脑的电源管理芯片，如 MAXIM 的 DS2786、DS2781/2788 等。

基于数学模型的 SOC 估算方法有很多。数据滤波法是在测量方差已知的条件下从一系列具有观察噪声的数据中估计出动态系统的状态，是一种预测—测量—更新的递推过程。具体过程是结合特定的电池模型，将电池充放电电流作为系统输入，将电池端电压作为系统输出（这两者都是可观察量），而将需要估算的 SOC 作为系统的内部状态，通过卡尔曼递推算法进行最优估计。卡尔曼滤波法具有较强的初始误差修正能力，对噪声信号也有很强的抑制作用，在电池负载波动频繁、工作电流变化迅速的应用场合具有很大优势。但是，在使用的过程中，老化、温度和 SOC 等变化导致模型存在瞬时性和非线性，再加上观察噪声的近似处理，都会导致 SOC 估算出现误差。

人工神经网络法采用电池的工作电压、电流和温度作为输入量，SOC 作为输出量来建立人工神经网络模型，通过对输入和输出样本的学习、训练以及递推迭代运算来估算电池 SOC。人工神经网络法能快速、方便、高精度地估算 SOC，但需要在大量实验数据的基础上对样本数据进行全面训练。SOC 估算精度容易受到所选训练数据和训练方法的影响，还存在训练周期长、对硬件资源要求较高等缺点。

模糊法通常是将检测到的工作电压、电流及温度进行模糊化处理，经过模糊化推理和反模糊化处理估算电池 SOC，为提高精度通常还须引入闭环反馈进行修正。建立 SOC 与输入量之间的模糊控制规则存在一定的难度，导致 SOC 估计精度不高，同时模糊法在处理数据时需要大量硬件资源。

常用评估 SOC 方法的优缺点和应用领域如表 7-9 所示。

表 7-9 常用评估 SOC 方法的优缺点和应用领域

方　法	优　点	缺　点	领　域
库仑计量法	相对精确、简单	对数据精确度要求高，需要修正	所有电池体系
开路电压法	相对精确、易于操作	需较长等待时间（$I=0A$），SOC 处于中段时误差较大	铅酸电池、锂离子电池等
混合法	精准	对数据确切度要求高，需较长等待时间	笔记本电脑电源
内阻法	在线	需较长等待时间	所有电池体系
交流内阻法	可估算 SOH	精确性较差、成本高	所有电池体系
卡尔曼滤波法	精确、动态	算法较复杂，需要考虑很多因素	所有电池体系

方　法	优　点	缺　点	领　域
人工神经网络法	在线	需要训练大量数据	所有电池体系
模糊法	在线	精确性较差	所有电池体系
经验模型法	不需要等待时间，对初始SOC值敏感，在线	不同体系需要建立大量数据	所有电池体系

（二）SOH

电池组的 SOH 是指在某一条件下电池可放出容量与新电池额定容量的比值，是定量描述电池寿命的指标。对锂离子电池组 SOH 进行实时监测和评估，使对 SOH 下降达到临界值的单体电池或电池组进行及时更换成为可能，对保障电动汽车的正常使用和续航里程都具有实际意义。SOH 随着循环使用次数的增加而发生复杂的、缓慢的和不可逆的退化。影响锂离子电池 SOH 的因素有很多，包括活性物质内部的微裂纹、无定形化和溶解以及新相析出，电解液分解、气体的产生、界面膜形成和可溶物质的迁移，集流体的腐蚀、导电剂的氧化、黏结剂的分解、导电颗粒接触的松弛等。这些退化反应进程受电池使用的电压、电流、温度和 SOC 范围的影响。使用电压越高、电流越大、温度越高或越低，SOC 范围越大，则电池退化进程越快。

SOH 可用下式描述：

$$SOH = \frac{Q_{now}}{Q_{new}} \times 100\% \qquad (7-5)$$

式中：Q_{now}——在当前的条件下，电池可以释放出的最大容量，$A \cdot h$；

　　　Q_{new}——新电池的额定容量，$A \cdot h$。

纯电动汽车的动力电池基本上是全充全放状态，最关心的是电池容量，SOH 通常针对容量来监测；混合动力汽车的动力电池是使用中间部分的 SOC，关心的是动力电池输出功率，SOH 通常针对内阻来监测。电池组容量和内阻还不能精确判断电池的 SOH，准确判断还需要综合考虑电池的 SOC、极化电压、端电压、容量衰退量和阻抗变化量等参数。

容量法是最简单的 SOH 评估方法，具体做法是将电池进行放电，直至电压接近截止电压，电池放出的电量与电池额定容量的比值为 SOH 值。但是，这种方法无法在线估算，放电过程通常为大电流，会对电池寿命造成影响。采用局部放电也可以进行 SOH 评估，局部放电的精度与电池的放电深度有关。不同领域的电池对电池寿命的要求不同。对于便携式电子产品的锂离子电池，要求循环 400 次后 SOH > 80%；对于电动工具用电池组要求循环 500 次后 SOH > 80%；对于能量型动力锂离子电池，要求循环 1 500 次后 SOH > 80%；对于功率型动力锂离子电池，要求循环 2 000 次后 SOH > 80%；对于储能型锂离子电池要求循环 2 000 次后 SOH > 80%。

电池的直流内阻随着电池 SOH 降低而增大，因此也可以通过电池内阻来判断 SOH。电池在使用寿命的大部分时间内，电阻变化幅度较小，该方法误差较大；当电池接近使用寿命末期时，电阻变化较大，该法估算 SOH 误差较小。

交流阻抗分析是当今前沿的 SOH 测量方法，通常采用单一频率或不同频率的交流信号测量交流阻抗谱来估算电池的 SOH。美国的 Nanocorp 公司和维拉诺瓦大学使用模糊逻辑模型进行交流阻抗谱检测。该法已经在电动汽车的 SOH 估计中应用，但阻抗分析法的成本相对较高。

经验模型法是根据控制某种测试条件得到大量测试数据，拟合出估算电池 SOH 的经验模型。经验模型可以较方便地估算 SOH，但是测试控制条件不一定涵盖所有实际情况，具有一定的误差。同时，估算电池 SOH 的经验模型与电池类型有关，不同电池的经验模型不同。建立数学模型估算电池 SOH 是当前的趋势，如非线性最优化算法、自适应多参数循环算法等。

三、电池充放电及均衡控制

锂离子电池充放电及均衡控制包括设计合理的电路来消除不一致性对电池组性能的影响，设计容量均衡控制系统来保证充放电过程中的容量均衡和及时识别，切断和更换故障电池或模块。蓄电池组各单体容量的均衡对于串联蓄电池组的工作效率和安全有着非常重要的作用。长时间不均衡会导致整个蓄电池组寿命缩短，严重影响整个系统的工作。充电均衡的功能是防止电池组内的电池过充电。部分结构在放电使用中，可能会带来某些负面影响。由于充电均衡仅仅保证了电池在充电中容量最小的电池不过充，在放电过程中它们能释放的能量也是最小的，因此这些电池过度放电的可能性很大。在电池管理系统（BMS）控制不好的情况下，这些容量小的电池已经处于深度放电条件下，电池组的整体仍蕴含较高的能量（表现在电池组电压较高）。往往充电均衡需要与放电均衡一起控制。电池管理系统可以根据电池的状态，实时地改变输出电流进行充电，防止电池组中所有电池发生过充电。

电池在充放电过程中的均衡方式包括充电均衡、放电均衡和充放电均衡三种方式。

（一）充电均衡

在电池组充电过程中后期，部分电池的电压很高，已经超过限制值（一般低于截止电压），需要控制这些满充的电池少充、不充甚至转移能量，从而不损伤已充满的电容量小的电池，使容量大的电池继续充电，进而提高整个电池组的充电容量。

在充电均衡电路中，多绕组变压器法即在铁心上绕有一个一次绕组和几个二次绕组的变压器，将每个蓄电池单体连接到变压器的一个副边，选择一定的变压器副边电压对所有电池进行充电，当电池电压升高到接近副边电压时，二极管由于承受反压关断，电池充电停止，此时电压较低的电池保持继续充电，直至二极管关断，从而保证电池充电一致性。不断提高副边电压，重复上述均衡过程，直至所有电池充满。这种方法仅能用于电池组的充电均衡，同时多绕组价格较贵，蓄电池单体数量受绕组数限制，不易扩展。

（二）放电均衡

放电均衡是指在电池组输出功率时，通过补充电能限制容量低的电池放电，使它的单体电压不低于预设值（一般要比放电终止电压高一点）。预设值是很难设计的，与电池种类有很大的关系。两个重要参数——充电截止电压和放电终止电压均和电池温度、充放电流有关。

电阻消耗均衡法是通过与电池单体连接的电阻，将高于其他单体的能量释放，以达到各单体的均衡。每个蓄电池单体通过一个三极管与一个电阻连接，通过控制三极管的导通与关断实现蓄电池单体对电阻的放电。该种结构控制简单，放电速度快，可多个单体同时放电。但其缺点也很明显，即能量消耗大，只能对单体进行放电不能充电，而且其他蓄电池单体要以最低的单体为标准才能实现均衡，效率低。

四、电池组温度控制

动力电池的大型化和成组化使电池（组）的产热能力显著高于散热能力，用于混合动力汽车、插电式混合动力汽车的高倍率电池更需要优异的散热性能。电池组的热量控制装置的主要功能如下：温度较高时对电池组进行散热，防止电池过热引发安全事故；温度较低时对电池组进行加热，保证电池在低温环境下充电和放电的安全性和使用效率；减小电池组中不同位置的电池或者电池不同部分的温度差异，抑制局部热点或热区的形成，一般电池组内部温差要小于5℃。

（一）温度与电性能

锂离子电池的性能、寿命、安全性均与电池的温度密切相关，锂离子电池的适宜工作温度通常为10～30℃。温度过高会加快副反应的进行，加速电池寿命衰减，甚至引发安全事故；温度过低会导致电池的功率和容量明显降低，如不限制功率，可能会使锂离子析出锂枝晶，埋下安全隐患。便携式电子产品用锂离子电池的使用环境温度与适宜温度相差不大，不需要或只需要简单的散热器件；而车用动力电池的使用环境温度比较宽广（–20～60℃），电池周围的热环境不均匀，在使用过程中温度变化较大，这对电池组的热管理提出了严峻的挑战，具体如表7-10所示。

表7-10　汽车行驶1 h电池组的升温情况

环境温度 /℃	最低温度 /℃	最高温度 /℃	最低升温 /℃	最高升温 /℃	最大温差 /℃
–20	8.8	21.2	28.8	41.2	12.4
–10	13.4	23.6	23.4	33.6	10.2
0	18.6	27.0	18.6	27.0	8.4
10	24.9	31.8	14.9	21.8	6.9
20	32.6	38.7	12.6	18.7	6.1
30	42.3	48.5	12.3	18.5	6.2
40	54.3	61.7	14.3	21.7	7.4

温度在 -20 ～ 60℃时，将温差控制在 17℃范围内，电池组在使用中的容量一致性将达到 95%；将温差控制在 5℃以内，容量的一致性将达到 98% 及以上，可延长电池组的使用寿命。为满足整车的动力性和经济性的要求，兼顾车载动力电池的寿命和安全性，电池工作温度应该尽量保持在 20 ～ 35℃的范围内。

在电池组中，单体电池容量比电池内阻更容易受到温度的影响。不同种类锂离子电池的温度特性通常不同，以 $LiFeO_4$ 动力电池为例，以常温 20℃为基准，当温度升高时，电池容量缓慢增加；当温度下降时，电池容量随之下降；当温度下降至 0℃以下，电池容量随温度下降快速衰减。温度对电池内阻的影响较小，当温度为 20℃时，电池内阻最小。对于电池充放电效率，当温度在 18 ～ 40℃时，电池的充放电效率可维持在 80% 以上；而当温度高于 40℃或者低于 18℃时，电池的充放电效率随温度变化明显下降。温度过高时电池的循环性能会下降，如温度大于 50℃时循环性能下降，继续升高可能引发安全事故。

（二）电池组温度控制装置

电池组加热和冷却装置主要由传热介质、测温元件、控制电路、散热执行器等组成。传热介质是与电池组热交换表面相接触的介质，电池组内产生的热量通过传热介质扩散至外界环境。常用的传热介质主要有空气、液体与相变材料三类，其具体特点及应用如表 7-11 所示。

表 7-11　传热介质特点及应用

传热介质	是否接触	介质黏度	系统复杂性	系统成本	散热效果	应用
空气	是	低	较低	低	较低	Mitsubishi i-MiEV、Nissan Leaf
液体（绝缘）	是	高	较高	较高	较高	——
液体（导电）	否	较低	高	高	高	Tesla Model S、Chevrolet VOLT
相变材料	是		低	较高	较高	——

在空气传热系统中，外部环境或车厢中的空气在自然对流或风扇强制

下进入热管理系统的流道，与电池组的热交换表面直接接触，并通过空气流动带走热量。在液体传热系统中，常用的传热介质有高度绝缘的液体（如硅基油、矿物油等）、水、乙二醇或冷却液等导电液体。液体的比热容及热导率大大高于空气，液冷热管理系统的散热效果理论上好于空气冷却系统，但实际散热效果受到传热介质流动速率、电池表面与介质的热传递等影响，同时增加了电池组的整体质量和安全方面的隐患。相变材料传热系统利用相变材料吸收大量潜热，使电池温度维持在适宜的工作范围内，可有效防止电池组过热。其具有整体构造简单、系统可靠性及安全性较高的优点，但是成本较高。

在传热系统中，电池组向单位面积传热介质散热的速率可以用基本传热公式来表示：

$$q = h\left(T_{\text{bat}} - T_{\text{amb}}\right) \tag{7-6}$$

式中：h——电池组表面的表面传热系数，与传热介质、流速、压力、流动形式和方向有关；

T_{bat} 和 T_{amb}——电池组表面和传热介质的温度，℃，说明温差越大越容易加热和冷却。

按照传热介质在电池组内部的通过路径，可将流场分为串行流道式与并行流道式。在串行流道设计中，传热介质依次经过每个单体电池或电池模块，逐渐被加温，处于流道后部的电池模块散热效果较差。

在并行流道设计中，传热介质通过并联的流道进行分流，并联式地经过不同的电池子模块，使电池组不同位置的温度均一性较好。

测温元件用于测量电池组不同位置的实时温度，控制电路根据实时温度进行散热执行器的动作决策。因此，测温方法中的测点数量、测点位置、测量精度等对电池热管理系统的控制精度都具有重要影响。目前，常见电动汽车电池组的温度传感器多贴附在电池箱体的内表面或电池单体的外表面。温度传感器还可以布置在电池组内部的流道中以及电池组的前部、中部与后部典型位置的单体表面上。

第四节 动力锂离子电池组安全技术

一、安全技术

单体电池的大型化和成组化使用给车用动力电池系统的安全带来了新的挑战。首先是锂离子电池组采用高压电源系统，通常需要对强电部位绝缘；电池箱体与车体需要等电位，在检测到绝缘老化、发生事故或维修更换时采用切断电路等方式进行防护。这方面的技术已经相对成熟。但动力电池容量增加后电池的散热能力相对产热能力变小，电池的热可控性降低，热失控的后果更加严重。因此，需要避免电池组内部的单体电池出现热失控。

大型动力电池需要开发新的单体电池安全防护措施，将事故控制在危害尚小的初期阶段，加强故障诊断，防范事故于未然。具体可以采取以下措施：①加强对单体电池的监测与故障诊断功能，在判定某个电池有故障症候时，及时将其隔离、更换；②开发智能电池，在电池内部植入小型芯片，测量每个电池的电压、电流，从而计算电池的阻抗，通过与事先制成的图表以及电池组中其他电池的比较，及时发现出现异常情况的电池；③开发先进的非解体、无损健康诊断技术，定期在维修店对电池系统进行详细体检，及时发现细微的故障症候；④建立数据中心，对电池运行数据进行统计处理，区分正常劣化与异常劣化，及时发现、处理出现异常劣化的电池。

锂离子电池在存储和使用过程中需要对其进行有效的控制与管理，以保证其温度、电流、电压处于安全区间。例如，磷酸亚铁锂电池的工作电压为 $2.0 \sim 3.7$ V，放电工作温度为 $-20 \sim 55$ ℃，充电温度为 $0 \sim 45$ ℃，如果超出此范围工作，电池寿命会大大降低，甚至会出现安全问题。

电池（模块）壳体、电池组箱体还应该满足绝缘安全、碰撞安全、耐震、防水、防尘、电磁兼容等可靠性要求。采用电池组更换方式的商业模式，对电池箱的机械强度、固定方式、导轨的可靠性设计、强电连接方式、强电安全设计提出了更高的要求。

二、安全性能检测

在实际使用过程中，动力电池组的安全性要求电池不爆炸、不起火、不漏液，万一发生事故不能对人造成伤害，对机器、物品的损害要降到最小。动力电池组的安全性能检测主要是在模拟不当使用和极端的情况下检测单体电池和电池组的电化学性能指标。近期相关机构公布或正在制定的电池和电池组的安全性能检测方法如表 7-12 所示。

表 7-12　电池和电池组的安全性能检测方法

序号	测试项目	具体方法	判断标准
1	过放电	满充的模组以 1C 放电 90 min 后停止，观察 1 h	不爆炸、不起火、不漏液
2	过充电	模组满充后，继续以 1C 充电至电池电压达到截止电压的 1.5 倍或充电时间达到 1h 后停止，观察 1 h	不爆炸、不起火
3	短路	模组满充后，正负极外部短路 10 min，短路电阻 < 5 min，观察 1 h	不爆炸、不起火
4	跌落	模组满充后，正负极端子一侧向下，从 1.2 m 高度自由跌落至水泥地面，观察 1 h	不爆炸、不起火、不漏液
5	加热	模组满充后放入温箱，按照 5℃ /min 的速率上升到 130℃，并保持该温度 30 min，停止加热，观察 1 h	不爆炸、不起火
6	挤压	电池满充，选择模组在整车安装位置上最容易受到挤压的方向进行挤压测试，挤压板为半径 75mm 的半圆柱体，挤压速度为（5±1）mm/s，挤压程度为模组变形量达到 30% 或者挤压力达到模组质量的 1000 倍和表中数值较大值后停止。观察 1h	不爆炸、不起火

第八章　锂离子电池安全性

第一节　锂离子电池安全性的机理

一、充放电特性

锂离子电池通常采用先恒电流后恒电压的充电模式，其电压和电流的变化如图 8-1 所示。锂离子电池必须严防过充电和过放电。锂离子电池采用有机电解质溶液，它不能像水溶液锂电池体系中的水那样实现可逆的分解—复合，因此对过充极为敏感。一旦过充电，在电池负极上就会出现金属锂，给电池带来安全上的不稳定因素，过充电让电池正极有太多的锂离子进入，使正极结构受到破坏，正极脱锂电位随过充程度增加而迅速上升。同时，当电池处于过充状态并超过一定限度后，会引起电池内部有机电解质溶液的不可逆氧化分解，产生可燃性气体并放出大量的热，导致电池内部温度及压力上升，引发一系列放热反应，如电解液与嵌锂碳阳极的剧烈反应、嵌锂氧化物阴极材料（如钴酸锂）的析氧分解、电解质溶剂发生分解，大量排气，导致电池内部热失控，可能会引起电池起火甚至爆炸。尤其在环境温度较高时，很危险。

表 8-1 为隔膜厚度与锂离子电池倍率性能对比。由表可知，使用较薄（20gm）的隔膜可以有效提高倍率放电性能。一方面，因为越薄的隔膜阻抗越低，对放电效果的提升越明显；另一方面，隔离纸的孔洞越多，离子在通过时的阻力越小，越有助于大电流放电。

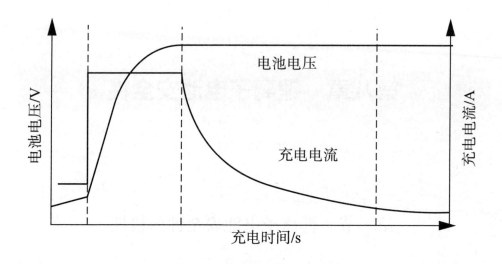

图 8-1　锂离子电池的充电曲线

表 8-1　隔膜厚度与锂离子电池的高倍率放电性能对比

电池编号	隔膜厚度 /μm	内阻 /mΩ	20C 放电中值电压 /V	20C 放电效率 /%
1	20	38	32	87.6
2	25	43	35	92

　　锂离子电池如果出现了过放电，则集流体会发生溶解，并且使电池受到破坏。因此，单体锂离子电池放电的终止电压不得低于 2.5 V。

二、容量衰减机理

　　锂离子电池失效模式主要有容量衰减、泄气或漏液、集流体腐蚀、热失控等。容量衰减是最常见的失效模式。导致锂离子电池容量衰减的因素很多：在电极方面，反复充放电使电极活性表面积减少，电流密度提高，极化增大；活性材料的结构发生变化；活性颗粒的电接触变差，甚至脱落；电极材料（包括集流体）腐蚀；在电解质溶液方面，电解液或导电盐分解导致其电导率下降，分解物造成界面钝化。此外，隔膜阻塞或损坏，电池内部短路等也会缩短电池的寿命。所以，容量衰减是多因素综合作用的结果。对于锂离子电池，一般认为温度和工作电流是加速锂离子电池容量衰减的两个重要应力。锂离子电池在实际应用过程中，通常充电制式是固定的，所以使用过程中充电电流对锂离子电池性能的影响基本不变，锂离子电池工作温度和放电电流对锂离子电池容量衰减的加速作用是不同的。

引起锂离子电池容量衰减的原因多种多样，也比较复杂。在锂离子电池中，除了锂离子脱嵌时发生的氧化还原反应外，还存在着大量的副反应，如电解液分解、活性物质溶解、金属锂沉积等。

对于理想的锂离子电池系统来说，在其循环周期内容量平衡不发生改变，每次循环的初始容量为一定值。然而实际情况却复杂得多。任何能够产生或消耗锂离子或电子的副反应都可能导致电池容量平衡的改变，一旦电池容量平衡状态发生改变，这种改变就是不可逆的，并且可以通过多次循环进行累积，对电池性能产生严重影响。

下面探讨引起锂离子电池容量衰减的一些主要因素。

（一）过充电

过充电情况下，各种类型的锂离子电池都有较大的容量衰减。过充电引起的容量损失可分为以下几种：①焦炭或石墨负极的过充反应；②正极过充反应；③过充时电解液的氧化反应；④电解液的分解（还原）过程。这些副反应会导致活性物质和电解液的消耗，从而导致电池容量下降。

1. 负极的过充电

在对锂离子电池进行过充电时，在负极上发生的主要副反应为锂离子在负极活性物质表面上的沉积。这种沉积使得可逆的锂离子数目减少，同时沉积的锂金属具有高活性且极易与电解液中的溶剂或盐的分子发生反应，生成 Li_2CO_3、LiF 或其他物质。这些物质会堵塞电极孔，最终导致比容量的损失和循环寿命的缩短。而且由于锂的这种高活性，电池存在安全隐患。

锂离子电池过充电时，锂离子还原沉积在负极表面，即

$$Li^+ + e^- \rightarrow Li(s) \qquad (8-1)$$

这种情况容易发生在正极活性物相对于负极活性物过量的场合，但是在高充电率的情况下，即使正负极活性物的比例正常，也可能发生金属锂的沉积。金属锂的形成可能从如下几个方面造成电池的容量衰减：①可循环锂量减少；②沉积的金属锂与溶剂或支持电解质反应形成 Li_2CO_3，LiF 或其他产

物；③金属锂往往在负极与隔膜间形成，可能阻塞隔膜的孔隙，增大电池的内阻。

从微孔储锂机理来看，新沉积的锂包覆在负极表面，阻碍了锂的嵌入。锂的性质很活泼，易与电解液反应而消耗电解液，从而导致放电效率降低和容量的损失。快速充电时，电流密度过大，负极严重极化，锂的沉积更为明显。溶剂中如存在 Li_2CO_3、LiF 或其他副反应产物，金属锂在负极沉积的速率更快。

负极过充电沉积金属锂与负极形成 SEI 膜的作用完全不同。负极为保持其活性物质在电解液中的稳定性，需在表面形成一层起固体电解质作用的稳定 SEI 膜。SEI 膜的形成会造成电池的初始容量损失，但是这是锂离子电池必不可少的过程。为了弥补这种容量损失，通常使用相对过量的正极活性物质。

2. 正极的过充电

当正极活性物质相对于负极活性物质比例过低时，容易发生正极过充电。正极过充电主要以惰性物质的形成、氧损失等形式造成电池的容量衰减。对于锂钴氧化物，过充电时会有惰性的四氧化三钴（Co_3O_4）形成。

一般认为，锂镍氧化物过充电时不形成惰性化合物，但同样引起氧损失。

也有人认为，锂镍氧化物在更低的锂含量下分解，但低锂镍氧化物的不稳定性是人们普遍认同的。同时，高价态的镍氧化物被认为对电解质的分解有催化作用。

同锂钴氧化物一样，锂锰氧化物过充电时会形成惰性的 Mn_2O_3，不过反应发生在锂锰氧化物完全脱锂的状态下。

因为锂离子电池没有锡镍、铅酸和氢镍等二次电池结合氧的功能，所以氧的形成对锂离子电池来说非常危险。

正极材料过充所发生副反应因电池的化学体系不同而异。正极过充导致容量损失主要是由于电化学惰性物质的产生破坏了电极间的容量平衡。三种主要正极材料过充电时发生分解反应，其氧化产物如 Co_3O_4、$LiNi_2O_4$ 和 Mn_2O_3 对嵌／脱锂均呈惰性。因此，容量损失是不可逆的。正极材料在密封的锂离子电池中分解产生的氧气由于不存在再化合反应（以水作为溶剂的 Cd/Ni，铅酸和 MH/Ni 电池中所产生的氧气能再化合成水），与电解液分解产生的可燃性气体一同积累，是一个严重的安全隐患。

3. 过充电时电解液的氧化反应

锂离子电池用有机溶剂与锂盐的溶液做电解液。目前最常用的有机溶剂有碳酸丙烯酯（PC）、碳酸乙烯酯（EC）、碳酸二乙酯（DEC）、碳酸二甲酯（DMC）和碳酸甲基乙基酯（EMC）等，常用锂盐有 $LiPF_6$、$LiBF_4$、$LiAsF_6$ 和 $LiClO_4$ 等。

锂离子电池中较高的正极电位对电解液的稳定性及纯度提出了一个严格的要求。目前常用的电解液在高电压区（> 4.5 V）分解可形成不可溶的产物（Li_2CO_3 等），严重阻塞了电极孔并产生气体。这将引起循环过程中的容量损失，并产生安全隐患。

溶液的电化学氧化过程一般表示为

$$溶液→氧化产物（气体、溶液及固体物质）+ne^-$$

溶剂氧化速率取决于正极材料表面积大小、集电体材料以及所添加炭黑的量。炭黑的种类及表面积大小与溶剂的氧化也有很大关系。炭黑的表面积大，溶剂在炭黑表面的氧化比在金属表面的氧化更易发生。电压高于 4.5 V 时电解液就会氧化生成不溶物（如 Li_2CO_3）和气体。不溶物堵塞电极上的微孔，影响锂离子的迁移，造成充放电循环过程中的容量损失。EC和 DMC 单独使用或与其他溶剂混合使用可提高抗氧化性。

任何溶剂的氧化都会使电解质浓度升高，电解液稳定性下降，最终影响电池的容量。假设每次充电都消耗一小部分电解液，那么在电池装配时就需要更多的电解液。对于恒定的容器来说，这就意味着装入更少量的活性物质，这样会造成初始容量的下降。此外，若产生固体产物，则会在电极表面形成 SEI 膜，这将引起电池极化增大而降低电池的输出电压。

4. 电解液的分解（还原）过程

锂离子电池中常用的电解液主要包括由各种有机碳酸酯（如 PC、EC、DMC、DEC 等）的混合物组成的溶剂以及由锂盐（如 $LiPF_6$、$LiClO_4$、$LiAsF_6$ 等）组成的电解质。在充电的条件下，电解液对含碳电极具有不稳定性，故会发生还原反应。电解液还原消耗了电解质及其溶剂，对电池容量及循环寿命产生不良影响。同时，由此产生的气体会增加电池的内部压力，对系统的安全造成威胁。电解液的还原机理包括溶剂还原、电解质还原及杂质还原三方面。

电解液包括溶剂和支持电解质，它们在正极分解后通常形成不溶性产物，阻塞电极的孔隙，进而降低电池的容量。它们的正极分解电压通常大于 4.5 V（相对于 Li/Li$^+$），所以它们在正极上不易分解。相反，电解质在负极较易分解。

电解液还原会消耗锂盐和溶剂，对电池的容量和循环寿命产生不良影响，并且所产生的气体使电池内压升高，导致安全问题。要延长锂离子电池循环寿命，改善电池在高温下的性能必须减少电解液的还原，但完全消除是不可能的，因为电解液在石墨和其他嵌锂碳电极上不稳定，在初次充放电时电解液分解会在电极表面形成 SEI 膜，阻止电解液的进一步分解。在理想条件下，电解液的还原限制在 SEI 膜的形成阶段，当循环稳定后，该过程不再发生。

实验表明，电解质盐的还原参与 SEI 膜的形成，有助于 SEI 膜的稳定，但还原产生的不溶物对溶剂还原生成物会产生不利影响，并且电解质盐还原使电解液的浓度发生变化，最终导致电池容量损失。

电解液中常常含有氧、水和二氧化碳等杂质，在电池充放电过程中会发生氧化还原反应。氧发生还原反应与锂生成氧化锂。溶剂中微量水（100 ~ 300×10^{-6}）对石墨电极性能没有影响，但水含量过高，其还原后产生的 OH$^-$ 在石墨电极上与 Li$^+$ 反应，生成 LiOH（s），在电极表面沉积，形成电阻很大的表面膜，阻碍 Li$^+$ 嵌入石墨电极，从而导致不可逆的容量损失。溶剂中的 CO_2 在负极上被还原生成 CO 和 Li_2CO_3（s），CO 会使电池内压升高，而 Li_2CO_3（s）会使电池内阻增大，对电池产生不良影响。

（二）自放电过程

自放电是指电池在保存时，或在未与负载连接的备用状态下，电容量自然损失的现象。锂离子电池自放电虽不及镍镉电池和镍氢电池显著，但其速率相对来说仍然较快，并且与温度有很大关系。

自放电现象在所有锂离子电池中都是不可避免的。自放电程度与正极材料，电池的制作工艺，电解液的性质与纯度、温度和保存时间等因素有关。锂离子电池自放电导致的容量损失分两种情况：可逆容量损失和不可逆容量损失。可逆容量损失指能通过再充电使容量得到恢复的损失。例如，电解液中如果存在一种氧化还原电偶，其氧化态在负极使锂离子脱嵌，自身转变成还原态，还原态物质迁移到正极，使锂离子嵌入，电池因此容量降低。但是，由于正负极嵌入和脱嵌的锂离子量相等，正负极容量保持平衡，充电时电池容量能够恢复。不可逆容量损失指的是损失的容量不能在充电时恢复的损失。正负极在充电状态下可能与电解质发生微电池作用，发生锂离子嵌入与脱嵌。正负极嵌入和脱嵌的锂离子只与电解液的锂离子有关，正负极容量因此不平衡，充电时这部分容量损失不能恢复。例如，锂锰氧化物正极与溶剂会发生微电池作用，产生自放电，造成不可逆容量损失，溶剂分子（如PC）在导电性物质炭黑或集流体表面上作为微电池负极氧化：

$$xPC \rightarrow xPC^- \text{自由基} + xe^- \qquad (8-2)$$

自放电速率主要受溶剂氧化速率控制，要延长电池的储存寿命，溶剂的稳定性很重要。溶剂的氧化主要发生在炭黑表面，降低炭黑表面积可以控制自放电速率，但对于 $LiMn_2O_4$ 正极材料来说，降低活性物质表面积同样重要。同时，集电体表面对溶剂氧化所起的作用也不容忽视。

对于采用 $LiMn_2O_4$ 有机电解液的电池系统，自放电过程一般是在 $Li_yMn_2O_4$ 上自发进行的嵌锂反应，其中电子由电解液的不可逆氧化反应提供，不需要任何外界电子，即

$$Li_yMn_2O_4 + xLi^+ + xe^- \rightarrow Li_{y+x}Mn_2O_4 \qquad (8-3)$$

同样，负极活性物质可能会与电解液发生微电池作用，产生自放电，造成不可逆容量损失，电解质（如 $LiPF_6$）在导电性物质上还原：

$$PF_5 + xe^- \rightarrow PF_{5-x} \qquad (8-4)$$

充电状态下的碳化锂作为微电池的负极脱去锂离子而被氧化：

$$Li_yC_6 \rightarrow Li_{y-x}C_6 + xLi^+ + xe^- \qquad (8-5)$$

如果负极处于充足电的状态（碳嵌锂状态），而正极发生自放电，电池内容量平衡被破坏，则将导致永久性容量损失。长时间或反复自放电后，由于锂在碳上沉积的可能性增加，两电极间容量不平衡的趋势会加大。

自放电速率主要受溶液氧化速度的影响，因此电池的寿命与电解液的

稳定性关系很大。采用低表面积的乙炔黑导电剂并减少活性物质的表面积可抑制电解液的氧化，从而控制自放电速率。在商品化的锂离子电池中，自放电所导致的容量损失大部分是可逆的，只有一小部分是不可逆的。导致电池容量不可逆损失的主要原因除了锂离子的损失（形成了 Li_2CO_3 等物质）之外，还包括由于电解液的氧化产物堵塞了电极的微孔，而使电极的内阻增大。

此外，通过电池隔膜泄漏的电流也可能造成锂离子电池中的自放电，但该过程受到隔膜电阻的限制，以极低的速率发生，并与温度无关。考虑到电池的自放电速率强烈地依赖于温度，故这一过程并非自放电的主要机理。

（三）SEI 膜的形成

在锂离子电池中，电解液和电极表面在初次放电时会形成一层稳定的、具有保护作用的钝化膜（简称 SEI 膜）。形成的 SEI 膜对电极和电池性能、性质包括循环寿命、储存寿命、安全性以及不可逆容量损失等起着重要作用，它可以起隔离作用，将电解液与电极隔开，消除（减少）溶剂和阴离子从电解液转入电极，阻止溶剂分子的共嵌入，而又允许 Li^+ 嵌入与脱嵌，起到保护电极的作用。

SEI 膜的形成要消耗锂离子，这导致两极间容量平衡发生改变，从而使整个电池比容量降低。这种比容量损失取决于碳材料的种类、电解液的组分以及电极及电解液中的添加剂。SEI 膜的沉积、溶解过程一般包括三个连续步骤：①金属与 SEI 膜之间电子的转移；②阳离子从金属与 SEI 膜之间的界面向 SEI 膜与溶液之间的界面转移；③ SEI 膜与溶液界面处离子的交换。SEI 膜的主要作用就是将负极与电解液隔开，消除（减少）电子从电极向电解液的转移以及溶剂分子和电解质的阴离子向负极的转移。然而在不断循环的过程中，电极与电解液小面积上的接触反应是不可避免的。随着这种表面反应的进行，在石墨电极上便形成了电化学惰性的表面层，使得部分石墨粒子与整个电极发生隔离而失活，引起容量的损失。

SEI 膜在碳电极上溶解后必然会再生，此时如果电解液中含有 Mn^{2+}，那么在 SEI 膜再次形成时，Mn^{2+} 必会参与该反应。而 SEI 膜中含锰物质的生成又将导致 SEI 膜不稳定而再次溶解，如此循环下去，会损失更多的锂离子，使容量衰减。这种情况在以 $LiPF_6$ 为电解质的溶液中更为严重，因为 $LiPF_6$ 生成的酸性物质（HF）与 SEI 膜反应，加速了 SEI 膜的溶解。

SEI 膜的结构很复杂，并且随使用时间和电解液组成不同而变化。如果 SEI 膜上有裂缝，则溶剂分子能透入，使 SEI 膜加厚，这样不但消耗更多的锂，而且有可能阻塞碳表面上的微孔，导致锂无法嵌入和脱嵌，造成不可逆容量损失。在电解液中加一些无机添加剂，如 CO_2、N_2O 等，可加速 SEI 膜的形成，并能抑制溶剂的共嵌和分解，加入冠醚类有机添加剂也有同样的效果。

有研究表明，在正极材料的表面同样会形成类似于 SEI 的钝化膜。这种结构上的变化会引起总容量的下降，但并非电池容量衰减的主要原因。人们认为，控制循环寿命更为重要的因素是正负极上 SEI 膜随电池的循环厚度不断增大，因为这会损失更多的锂离子，并提高两极的阻抗，使电池的内阻增大，导致容量下降，可放电次数减少。

（四）集流体

铜和铝分别是锂离子电池中最常用的负极和正极的集流体材料，两者都易发生腐蚀。腐蚀产物可在集流体表面成膜，导致电池内阻增加。另外，镍和不锈钢也常用作集流体。集流体表面形成 SEI 膜、黏附性差、局部腐蚀（如点蚀）和全面腐蚀等都会使电极反应阻力加大、电池内阻增加，导致容量损失和放电效率降低。

集流体腐蚀与电解液有关，在 $LiPF_6$–EC/DMC 电解液中，电压为 4.2 V（vs.Li/Li$^+$）即可腐蚀铝箔；而在 $LiBF_4$–EC/DMC 及 $LiClF_4$–ECZDMC 电解液中，低于 4.9 V 的电压均不能腐蚀铝箔，这是因为 $LiPF_6$ 易生成 HF。市售锂离子电池的集流体都要进行预处理（酸 – 碱浸蚀、耐腐蚀包覆、导电包覆等），以增强其黏附性和耐腐蚀性。集流体表面失去黏附力，对电池的容量有很大影响，因为电极局部可能会与集流体分开，从而使有效面积减少，极化作用增强。在电解液的作用下，铝易发生孔蚀并易形成 SEI 膜，因此用作锂离子电池集流体时导电性能有所下降。

铜的腐蚀可看成负极上的一个过放电反应，铜集流体在使用过程中腐蚀生成一层绝缘腐蚀产物膜，致使电池内阻增大，循环使用放电效率下降，造成容量损失。在深度放电时铜集流体会溶解（$Cu \rightarrow Cu^+ + e^-$），所形成的铜离子在充电时会以金属铜的形式沉积在负极表面，并形成枝晶，枝晶能穿透隔膜造成电池严重损坏。防止铜集流体溶解的办法是避免在 2.5 V 电压以下放电。

因此，锂离子电池中的两个集流体都必须经过预处理（酸化、防腐涂层、导电涂层等）来提高其附着能力及减少腐蚀速率，如通过添加氟化物可以明显抑制铝的腐蚀过程。实验表明，预处理过程可明显提高铝及铜集流体的性能，减少由于集流体腐蚀而导致的电池内阻增大、容量衰减的情况。

（五）电极材料的相变

一般认为好的电极应该有较高的可逆性及循环寿命，并在工作过程中不出现明显的相变或晶格的膨胀收缩现象，因此电极材料的相变被认为是容量衰减的原因之一。锂离子电池中的相变可分为两类：一是在锂离子正常脱嵌时电极材料发生的相变，二是过充电或过放电时电极材料发生的相变。对于第一类情况，一般认为锂离子的正常脱嵌反应总是伴随着宿主结构摩尔体积的变化，并产生材料内部的机械应力场，从而使宿主晶格发生变化。较大的晶格常数变化或相变化减少了颗粒之间以及颗粒与整个电极之间的电化学接触，导致循环过程中的容量衰减。第二类情况主要是指对 $LiMn_2O_4$ 进行过放电时的 Jahn–Teller（J–T）扭曲。

嵌锂电极相变或晶格参数较大变化会导致活性物质微粒粉化并使之与电极基体脱离，从而使电极材料失效。

在充放电循环过程中，化学计量的 $LiMn_2O_4$ 经历了一次相变过程，即

$$LiMn_2O_4 - (1-x)Li^+ \rightarrow Li_xMn_2O_4(0.1 < x < 0.4) \quad （8-6）$$

因此，$LiMn_2O_4$ 在深循环下容易出现容量衰减。

在锂离子电池中，电极与电解液界面间发生着复杂的物理化学过程。这些界面反应对锂离子电池的循环寿命或多或少会产生影响。因此，控制这些界面反应将是提高锂离子电池性能的关键。目前报道的较为有效的抑制容量衰减的方法主要有：对尖晶石电极进行碳酸盐包覆，以中和产生的酸；加入聚合物添加剂抑制两极的表面反应、纯化 $LiPF_6$，减少其及其衍生物对电极表面化学成分的影响或者开发新的电解质溶液等。

对锂离子电池充放电曲线的分析和不同的电极材料所进行的破坏性研究（DPA）表明：在循环过程中影响锂离子电池容量衰减的主要因素可以分为三种，第一种主要是在锂离子电池正负电极阻抗增加而导致的容量衰减，第二种是正负电极内的氧化锂容量的减少，第三种是电池单元内部的活性锂离子数量减少导致的容量衰减。大量研究表明，正负电极的 SOC 的

改变说明了活性材料（包括主要的和次要的活性材料）的流失。同时，在不断充放电的循环过程中，薄膜电阻控制着电池开路电压的变化。因此，锂离子电池内部电化学反应直接导致了电池开路电压、内阻和放电容量的变化。

图 8-2 表示的是锂离子电池第 1 次及第 200 次循环放电曲线，由图可以清楚地看到两个主要的变化：随着放电次数的不断增加，整个电池的放电容量逐渐衰减，同时在放电过程中电池的电压逐渐下降。

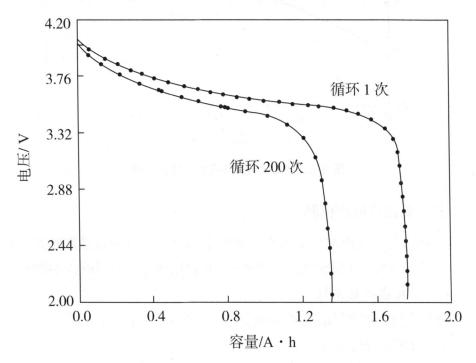

图 8-2　锂离子电池第 1 次及第 200 次循环放电曲线

图 8-3 表示的是随着循环周次的增加，1 kHz 交流信号下电池内阻的变化曲线：随着充放电次数的逐步增加，电池内阻逐渐增大。

两组实验结果的对比说明，锂离子电池的开路电压和内阻随着电池内部电化学特性的改变而改变，其开路电压和内阻及最终放电容量的大小以及电池的寿命具有较好的相关性。在可以实际测量的变量中，开路电压和内阻与放电容量之间具有这种较好的相关性，而且随着放电容量的变化趋势也比较明显。

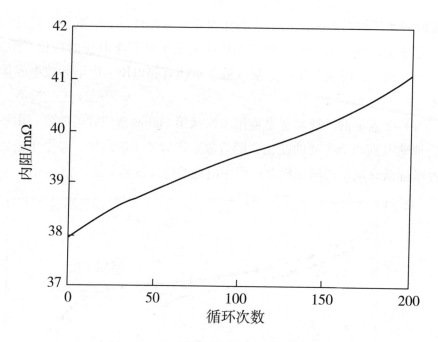

图 8-3　内阻随着循环次数的变化曲线

三、高温热反应机制

下面讨论电池内部热量的来源和产生的原因，分析电池在加热、过充、短路等状态下的爆炸机理，并提出了解决电池爆炸问题的具体措施。

（一）反应热的来源

研究表明，锂离子电池可能的热量来源主要有以下几个方面。

1. SEI 膜的分解反应

在锂离子电池首次充放电过程中，负极材料与电解液在固相界面上发生反应，形成一层覆盖于负极表面的界面保护膜（SEI 膜），阻止了电解液与碳负极之间的相互作用。但是当温度升高时，反应活性增加，SEI 膜分解，反应为放热反应。嵌锂碳负极表面的 SEI 膜由稳定层和亚稳定层组成，亚稳定层在 80 ℃～ 120 ℃时发生反应，转变为稳定层。

研究表明，SEI 膜的分解温度及分解放热峰强度与电池储存温度、嵌锂碳的表面积以及电解液组成有关。电池高温（60 ℃）储存后，SEI 膜中不稳定组分数量减少，其分解放热峰强度下降。随着嵌锂碳表面积的加大，SEI 膜内不稳定组分数量增加，放热峰的强度相应升高。SEI 膜的分解特性与电解液的成分有关。在 $LiBF_4$ 电解液中，自加热曲线中没有放热峰，在 $LiPF_6$ 电解液中，放热峰的形状和特性取决于溶剂的种类。

SEI 膜的分解温度和反应的放热量与锂盐的种类、溶剂的组成和负极活性物质的表面积有关。SEI 膜分解反应的放热量还与负极活性物质的表面积有关，随着负极活性物质表面积的增大，形成的 SEI 膜量增厚，放热量增加。

2. 嵌锂碳与溶剂的反应

当温度升高时（如高于 120 ℃时），SEI 膜不能保护负极，溶剂可能与金属锂或嵌入锂发生如下反应：

$$2Li+C_3H_4O_3（EC）\rightarrow Li_2CO_3+C_2H_4 \tag{8-7}$$

$$2Li+C_5H_{10}O_3（DEC）\rightarrow Li_2CO_3+C_4H_{10} \tag{8-8}$$

$$2Li+C_3H_6O_3（DMC）\rightarrow Li_2CO_3+C_2H_6 \tag{8-9}$$

研究发现，嵌锂碳和电解液的反应发生在 210 ℃～280℃ 的环境下。两者相互反应的起始温度以及反应放热量与嵌锂量、碳阳极种类、嵌锂碳比表面积、电解液组成等因素有关。

3. 嵌锂碳与黏结剂的反应

典型的负极包含质量比为 8%～12% 的黏合剂，嵌锂碳与黏合剂的反应热随负极锂化程度成线性增加。通过 X 射线分析反应产物，发现 LiF 是主要的无机产物。

研究表明：负极材料中的黏结剂在电池温度升高时与负极活性物质及金属锂发生剧烈的放热反应。

4. 电解液的分解反应

当电池温度升高时，电解液几乎参与了电池内部发生的所有反应，不仅包括电解液与正极材料、嵌锂碳、金属锂之间的相互反应，也包括电解液自身的分解反应。锂离子电池电解液的热分解反应主要是在温度升高时溶剂与锂盐的反应。

DMC、EC、PC 与 $LiPF_6$ 及其相互间的反应也放出热量，使体系的温度升高。

当锂离子电池充电电压超过电解液的分解电压时，电解液也会发生分解反应，放出热量，并产生气体。

5.正极发生的分解反应

层状结构的 $LiCoO_2$、$LiNiO_2$，尖晶石结构的 $LiMn_2O_4$ 和橄榄石结构的 $LiFePO_4$ 是目前研究较多的正极材料，这些材料在充电状态处于亚稳定状态，温度升高时会发生分解。

关于正极是直接与电解液反应还是放出氧气氧化溶剂，目前还存在分歧，有待深入研究。研究发现，正极材料的释氧速率和正极材料的晶体结构及其材料颗粒尺寸有关。随着颗粒尺寸的减小，释氧速率增加，反应放出的热量增加。

通过对正极材料进行热稳定性分析可得出以下几点结论：第一，正极材料与溶剂的反应机理还存在分歧，有待深入研究；第二，正极的分解反应及其与电解液的反应放热量比较大，在大多数情况下是造成电池爆炸的主要原因；第三，采用二元的或 $LiFePO_4$ 正极材料可以提高电池的安全性。

6.锂金属的反应

当锂离子电池过充时，锂金属沉积在负极表面，就可能发生金属锂与电解液的反应，大部分反应的起始温度在锂金属的熔点 180 ℃左右。

7.正负极活性物质的熵变

锂离子电池充放电时，锂嵌入正极材料的熵发生改变。以 $LiCoO_2$ 为正极材料的 AA 电池为例，以 36 mA 进行充放电，热量的吸收和放出虽然低于 10 mW，但是并不是低到忽略不计的程度。

8.电流通过内阻而产生热量

电池有内阻，当电流通过电池时，内阻产生的热量有时称为极化内阻产热。当电池外部短路时，电池内阻产热占主导地位。

（二）锂离子电池的热行为

关于电池安全性测试的报道很多，但人们一致认为：当电池的热散逸速率小于热产生速率对，会引发热失控。那么能引起电池热失控的电池反应有哪些呢？当电池温度升高时，电池内部会发生一系列放热反应，主要有：①负极的热分解及其与电解液的反应；②电解液的热分解；③正极的热分解及其与电解液的反应。当电池体系内的生成热速率大于热散失速率时，反应物的温度就会不断上升。温度上升，可造成两种极端情况：①反应物质的温度达到其着火温度而发生火灾；②电池内部温度上升，使反应速度加快，温度进一步升高，而活性物质分解、活性物质和电解液反应都会产生一定量的气体，使电池内压急剧上升，严重时引起爆炸，所以锂离子电池的爆炸多是反应热蓄积而引起的热爆炸。

锂离子电池不但在正常运行条件下由于嵌入/脱嵌的电极反应会产生热效应，而且在非正常运行条件下由于电池活性组分间的一系列副反应同样会产生热效应。往往后者将最终导致严重的安全事故，所以它对于锂离子电池的安全性起着决定性作用。这里将对于这部分更受研究者关注的内容进行详尽的描述。由于电解液和电极材料之间的热反应而引发锂电池严重的安全事故被称为"热失控"。而它的起始温度决定了锂电池的安全底限。

热失控是发生在电池内部温度急速上升，通常由区域过热引起，并到达某一个底限温度值，大量的热产生且不能及时地被消散而引发一系列放热副反应。因为热产生的速率大于热消散的速率，这些放热过程在一个类似绝热的条件下进行，并且整个电池的温度处于一个无法控制的上升过程。

通常，热失控是由各种不同的非正常运行条件，即滥用所引起的。它们包括热方面的（如过热）、电方面的（如意外性的过充）以及机械方面的（如挤压、内部或外部短路）。所以各种不同的技术手段被运用于锂离子电池安全性能的评估中。它们包括热烘箱测试、加速量热法（ARC）以及如过充、短路、挤压和钉子穿越等各种非正常运行条件的测试。研究发现，对于不同生产制造商生产的锂离子电池，尽管它们的热失控起始温度都在160℃左右，但是它们抵抗非正常运行的能力存在极大的差异。而且除了电池材料（电解液和电极）决定热产生的数量和热释放的速率，电池的设计也被发现通过影响热消散的效率而对抵抗非正常运行的能力起着至关重要的作用。

四、燃烧机理

（一）锂离子电池各组分的物理化学特性

要分析锂离子电池燃烧的可能性，就必须先了解锂离子电池各组成部分的物理化学特性。下面先简要介绍一下锂离子电池正负极、电解液及隔膜的物理化学特性，再在此基础上分析其燃烧的可能性。

1. 锂离子电池正极

锂离子电池正极材料常为 $LiCoO_2$、$LiNiO_2$、$LiMnO_2$ 等过渡金属和锰的锂离子嵌入化合物。其结构通常为层状盐岩结构。在常温下，其物理化学性质稳定，但在充电过程中，其晶体结构层间距离会发生变化，且生成不稳定的 Co 离子、Ni 离子等，影响氧从晶格中脱出的起始温度。表 8-2 列出了几种正极物质充满电时的氧脱出起始温度。

表 8-2　正极充满电时氧脱出起始温度

升温速率 / ($℃ \cdot min^{-1}$)	0.5	2
$Li_{0.3}NiO_2/℃$	180	205
$Li_{0.4}CoO_2/℃$	225	240
$\lambda-MnO_2/℃$	355	380

可见充满电时，正极物质热稳定性是燃烧与否的一种影响因素。

2. 锂离子电池负极

锂离子电池负极材料一般为碳，充电时锂离子嵌入碳化合物，其组成常用 Li_xC（$0 < x < 1$）表示。一般用石油焦炭（PC）、中间相碳微球（MCMB）、碳纤维（CF）和石墨（C）等组成碳负极。这些物质在常态下物理化学性质很稳定，但都含有还原性元素 C，在充放电过程中，温度升高则存在与正极物质脱出的氧气发生反应的可能性。这也是锂离子电池燃烧的一大诱因。另外，一些碳负极材料也可溶解于某些电解液中，其实质是嵌入碳负极的锂离子与有机溶剂发生反应，如锂离子与有机溶剂 PC 的反应，反应生成热且生成易燃气体 C_2H_4。因此，有机溶剂与碳负极不匹配也可能使锂离子电池燃烧。

3. 锂离子电池电解液

组成锂离子电池电解液的锂盐常有 $LiPF_6$、$LiAsF_6$、$LiClO_4$ 等，有机溶剂常为 PC、EC、DMC、DEC、MEC 等或其相互混合。$LiClO_4$ 为最常见的锂盐，其熔点为 247 ℃，400 ℃开始分解，极易溶于水，在硼、二氧化锰和铁等催化剂作用下，在较低温度下即能分解出氧。

若锂离子电池电解液所用锂盐为 $LiClO_4$，正极材料为 $LiMn_2O_4$ 等氧化锰锂，则当正极材料充满电时分解产生 MnO_2，使 $LiClO_4$ 分解，释放出更多的氧气，这也使锂离子电池燃烧的可能性大为提高。

另外，若电解液中不慎进入水分，则 $LiClO_4$ 将电解成强氧化性酸 $HClO_4$，而 $HClO_4$ 又会与碳负极还原性碳元素反应，反应生热且生成易燃气体 CO 等，有可能腐蚀隔膜，使正负极短路。这也是锂离子电池燃烧的一大可能诱因。

4. 锂离子电池隔膜

常用聚烯烃类树脂，如微孔 PP、PE 或两者复膜（PE-PP-PE），其作用是将电池正极隔开，防止两极直接短路。低密度线性聚乙烯（LLDPE）熔点为 120 ℃～125 ℃，在氧的作用下受热易发生热氧老化作用，此作用过程还具有自动催化效应，使温度升高，氧化加速进行，使聚乙烯电绝缘性变差。一般情况下，聚乙烯可耐酸、碱及盐水溶液的腐蚀，但不耐有氧化作用的酸，在高温时还可溶于某些有机溶剂。PP 物理、化学性质要优于 PE，其熔点高达 165 ℃，耐磨、耐腐蚀性好。由以上物理、化学性质可知，锂离子电池隔膜最有可能发生的问题是在氧的作用下发生热氧老化，从而使正负极短路，产生极大电流，从而导致电池起火燃烧。

（二）锂离子电池燃烧原因

综上分析可知，锂离子电池各个组成部分都有可能导致锂离子电池燃烧，且相互之间具有连锁效应，即一个部分出现问题，将诱发其他部分也出现问题，发生化学反应，从而使电池更易燃烧。另外，若不同容量锂离子电池混合使用，过放电时将会使电池组中某个容量较小的串联电池出现反极（电池的极性由正变负，由负变正），此时正极镀上金属锂形成易燃易爆物质，这也是锂离子电池燃烧的一大可能原因。

根据以上分析，将锂离子电池燃烧可能的原因归纳如下：

（1）电极物质对热不稳定，发生分解，释放出氧气等。

（2）充放电时碳负极与正极脱出的氧发生反应生成易燃气体 CO 等。

（3）负极与有机溶剂不匹配，嵌入碳负极的锂与有机溶剂发生反应生成易燃气体 CO、C_2H_4 等。

（4）电解液所用锂盐如 $KClO_4$ 发生分解，释放出氧气；进入水分时形成强酸与碳负极反应，生成易燃气体并腐蚀隔膜使正负极短路。

（5）有机溶剂在受热或工作电压下发生分解，释放出易燃气体 CH_4 等。

（6）隔膜发生热氧老化作用，使正负极短路。

（7）容量不同的电池混合使用，过放电使容量较小的串联电池反极，在正极镀上锂形成易燃、易爆物质。

五、爆炸机理

锂离子电池的爆炸主要是和电池内部组件的化学和电化学反应有关，活性物质起主要作用。碳负极、正极活性物质和锂电解液等都会在正常使用或滥用情况下发生电化学或化学反应放出热量，引起电池的升温，进一步促使反应的进行，当热量累积到一定程度的时候，便有燃烧和爆炸的危险。

锂离子电池在热冲击、过充、过放、短路等滥用状态下，电池内部的活性物质及电解液等组分间将发生化学、电化学反应，产生大量的热量与气体，这些热量与气体积累到一定程度时就会引起电池的燃烧、爆炸。

常见的爆炸类型有以下几种：①热冲击引起的爆炸；②过充引起的爆炸；③短路引起的爆炸；④其他情况下的爆炸：针刺造成的锂离子电池爆炸的原理与短路大致相同，针刺速度很快时，在针刺的部位产生大量的热，使电池内部温度升高到正极热分解的温度，正极分解导致电池爆炸；当锂离子电池受到撞击时，电极上过电压损失产生热量，促使溶剂与负极反应，放出的热量进一步加热电池，正极热分解反应发生，导致电池爆炸。锂离子电池过放到 $1.0 \sim 2.0$ V（vs.Li^+/Li）时，部分电解液发生还原反应，放出少量的热；电压达到 0.7 V 后（vs.Li^+/Li），金属铜开始氧化，并沉积在正极上，电池内部短路，电压迅速降为 0 V，锂离子电池变为 Cu 负极/Cu 正极电池，但电池表面温度升高不明显，不会发生危险。

锂离子电池的爆炸机理比较复杂，正负极材料、电解液不同，在加热或过充时电池内部反应的次序存在差异，对电池爆炸所起的作用也不同。可以初步断定：加热时电池内部的反应依次进行，如同一个反应链，上一个反应为下一个反应奠定了基础。过充引起爆炸的机理比较复杂，现在还存在争议。短路、针刺、撞击的瞬间产生大量的热导致正极热分解进而引起电池爆炸以及有关锂离子电池爆炸机理的研究数据较少，还需进一步深入研究。

第二节　锂离子电池安全性的影响因素

原则上，锂离子电池在正常使用条件下通常是安全的，人们关注的是在误用或滥用条件下如何保证安全。电池在被滥用时，特定的能量输入导致电池内部组成物质发生物理或化学反应而产生大量的热，而热量不能及时散逸，进而导致电池热失控。热失控会使电池发生毁坏，如猛烈泄气、破裂，并起火，造成安全事故。一般电池必须遵照出厂标准在限定的条件下工作，即一定的使用温度、充放电倍率、充放电终止电压等以及采用一定外加辅助安全措施。但是在实际使用过程中仍然可能发生滥用或偶发事件，超出安全使用限制，导致不安全事故的发生。

影响锂离子电池安全性的因素众多，锂离子电池安全性问题主要与其所用材料的特殊性有关。一般说来，电池正极材料的热稳定性是影响锂离子动力电池安全性的重要因素。在电池出现滥用情况或电池组内个别单体电池出现过充电时，电池温度就会升高，同时电池内部会发生许多放热反应。如果产热的速率超过了散热的速率，则随着电池内部温度的升高，正极发生活性物质的分解和电解液的氧化，这两种反应又将产生大量的热，从而导致电池温度进一步上升，引起恶性循环，进而可能会使电池燃烧或者爆炸。

另外，电池在过充时，正极剩余的锂离子将会涌向负极形成枝晶，枝晶刺穿隔膜，造成内部短路。

当前锂离子电池所用的负极材料大部分为石墨，随着温度的升高，嵌锂状态下的碳负极将首先与电解液发生放热反应。在相同的充放电条件下，电解液与嵌锂石墨反应的放热速率远大于嵌锂的 MCMB、碳纤维的放热速率，这是由于石墨材料的层间距最小，锂离子在其中的扩散速度较慢，电阻与极化都很大，导致电池温度升高。电解液的主要成分是有机溶剂，在过热或过压情况下有机溶剂会发生分解，产生大量的气体和更多的热，使电池内压急剧升高。电解液所用锂盐如 $LiClO_4$ 分解释放出氧气，若渗入水分，则形成强酸，与碳负极发生反应，生成易燃气体并腐蚀隔膜，造成正负极短路。当过充、短路、高温等情况发生时，高活性的金属锂可能会沉积在电极颗粒表面，与有机电解液反应而造成起火或爆炸。

聚合物电解质的锂离子电池，由于其电解液为胶体状，不易泄漏，发生事故时会猛烈燃烧，这是聚合物电池很大的安全性问题。

锂离子电池的制造工艺也会对电池的安全性产生影响。其中一些电极制造、电池装配工艺及流程的质量在很大程度上影响电池的性能和安全性。例如，浆料的均匀度影响活性物质在电极上分布的均匀性，从而影响电池的安全性。浆料细度太大，电池充放电时会出现负极材料膨胀、收缩的变化，可能会出现金属锂的析出；浆料细度太小、涂布加热温度过低或烘干时间不够会造成电池内阻过大，另外还可能使溶剂残留，黏结剂部分溶解，造成活性物质剥离；温度过高可能造成黏结剂碳化，活性物质脱落，引起电池内短路。

在充放电过程中电池使用不当，如挤压、跌落、进水等，发生膨胀、变形和开裂，都会造成电池短路，进而发热，引起爆炸。

使用环境造成的安全性问题：锂离子电池在储存、运输和使用过程中，如果局部环境温度过高，将会由于热失控而造成泄漏、起火等安全事故。

一、材料对锂离子电池安全性的影响

（一）正极材料

当电池温度迅速上升时，不同正极材料的电池安全性各不相同。其中以磷酸铁锂为正极材料的电池安全性能最好，而镍钴锰酸锂电池的安全性又好于钴酸锂电池。电池的其他部分基本相同，因此正极材料的安全性就决定了电池的安全性能。

锂离子电池正极材料一直是限制锂离子电池发展的关键。和负极材料相比，正极材料能量密度和功率密度低，也是引发锂离子电池安全隐患的主要原因。正负极材料的结构对锂离子的嵌入和脱嵌有决定性影响，因而影响着电池的循环寿命。使用容易脱嵌的活性材料，充放电循环时，活性材料的结构变化小且可逆，有利于延长电池的寿命。在锂离子电池滥用的条件下，随着电池内部温度的升高，正极发生活性物质的分解和电解液的氧化。这两种反应将产生大量的热，从而导致电池温度进一步上升。同时，不同的脱锂状态对活性物质晶格转变、分解温度和电池的热稳定性的影响相差很大，寻找热稳定性较好的正极材料是锂离子动力电池发展的关键。

通过对正极材料的热反应温度、放热量等方面的研究，能够分析热稳定性影响因素，进一步寻求解决问题的各种方法，如优化合成条件、改进合成方法、合成其他合适的材料；使用复合技术，如掺杂技术、涂层技术，可以明显提高材料的热稳定性。

（二）负极材料

早期使用的负极材料是金属锂，而以金属锂为负极组装的电池在多次充放电过程中易产生锂枝晶，锂枝晶会刺破隔膜，导致电池短路、漏液甚至发生爆炸。使用嵌锂化合物避免了锂枝晶的产生，从而大大提高了锂离子电池的安全性。

目前在锂离子二次电池中较具使用价值和应用前景的碳主要有三种：一是高度石墨化的碳，二是软碳和硬碳，三是碳纳米材料。

锂离子动力电池的负极材料一般为碳负极，充电时锂离子嵌入碳化合物，其研究主要体现在以下几个方面：①碳负极材料常态下物理化学性质很稳定，但均含有还原性元素 C，在充放电过程中，温度升高则存在 C 与正极物质脱出的氧气发生反应的可能性，这也是锂离子动力电池燃烧的一大诱因。②随着温度的升高，嵌锂状态下的碳负极将首先与电解液发生放热反应。例如，锂离子与有机溶剂 PC 发生放热反应，且生成易燃气体。因此有机溶剂与碳负极不匹配也可能使锂离子动力电池燃烧。

也有人认为：石墨化程度增加可以降低锂离子扩散的活化能，有利于锂离子的扩散，而硬碳类材料由于存在大量的空洞，大电流充放时，其表现接近于金属锂负极，安全性反而不好。在新材料的探索方面，锂化过渡金属氮化物及过渡金属磷族化合物是很好的例子，对该类材料的进一步研究有可能为锂离子动力电池负极材料的发展注入新的活力。

（三）电解液

作为汽车能源，锂离子动力电池在大电流、高功率条件下工作，会在局部产生高温，这对有机电解液提出了更高的要求。从电池的安全性方面考虑，要求有机电解液具有良好的热稳定性，在电池发热产生高温的条件下保持稳定，整个电池不会发生热失控。

电解液在锂离子电池的正、负极之间起着输送 Li^+ 的作用，电解液与电极的相容性直接影响电池的性能。电解液的研究开发对锂离子二次电池的性能和发展非常重要。从电池的安全性方面考虑，要求有机电解液具有良好的热稳定性，在电池发热产生高温的条件下保持稳定，整个电池不会发生热失控。有机电解液对锂离子动力电池安全性的影响主要从溶剂、电解质锂盐和添加剂三方面进行研究。能从根本上解决锂离子电池安全性问题的应为离子液体电解液。

（四）隔膜

隔膜本身是电子的非良导体，但也允许电解质离子通过。此外，隔膜材料还必须具备良好的化学、电化学稳定性和机械性能以及在反复充放电过程中对电解液保持高度浸润性，隔膜材料与电极之间的界面相容性、隔膜对电解质的保持性均对锂离子电池的充放电性能、循环性能等有较大影响。

（五）SEI膜

SEI膜是溶剂、锂盐阴离子、杂质等在充电过程中经还原分解而产生的不溶物沉积在负极表面形成的钝化膜。SEI膜的形成质量直接影响锂离子动力电池的充放电性能与安全性。研究发现，嵌锂化合物与电解液（$LiPF_6$）的反应包括两个过程：①SEI膜分解的亚稳态成分转化为稳定产物；②外层嵌入锂离子与电解液反应生成稳定产物。

二、过充、过放对安全性的影响

锂离子电池组过放电将造成电池短路失效。图8-4是锂离子电池被强制过放电时的实验曲线，由图8-4可以看出，电池过放电时，电池电压先是下降到接近 –1 V，然后上升到 –0.3 V 左右。经测试，这个电压实际上是一个线阻电压。断开电流后，测试电池电压，电池电压为 0 V，说明电池内部已短路。对电池过放电过程中的温度监测结果表明，电池的温度从 25 ℃上升到 35 ℃左右，电池未出现泄漏、起火等现象。

单体锂离子电池在过放电过程中不会出现安全问题，对于采用一块锂离子电池的手机等用电器来说，不会因过放电而引起安全事故。但是，对于需要采用多块锂离子电池串联使用的笔记本电脑等用电器来说，如果电池组中出现了一块单体电池由于被严重过放电而短路，仍然可能造成电池组在充电过程中发生泄漏、起火甚至爆炸等安全事故。这是因为笔记本电脑的充电控制是以电池总电压值作为控制依据的，当其中一块单体电池因过放电而短路后，就会造成其他单体电池的充电电压上升，其他电池可能因为过充电而导致泄漏、起火甚至爆炸。

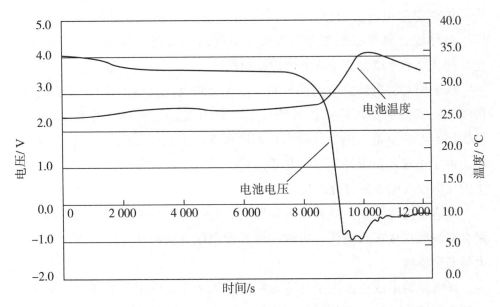

图 8-4　锂离子电池过放电时的实验曲线

三、内部短路对安全性的影响

电池短路可分为外部短路和内部短路。锂离子电池的内部短路是锂离子电池极大的安全隐患。电池隔膜的作用主要是防止内部短路，由于锂离子电池使用的是有机溶剂电解质，电导率低，要求隔膜越薄越好。锂离子电池隔膜的厚度、孔率、孔径大小及分布影响电池的内阻、锂离子在电极表面的嵌脱及迁移的均匀性。隔膜的绝缘电压与防止正负极的接触有直接关系，它依赖于隔膜的材质、结构及电池的装配条件。采用热闭合温度和熔融温度差值较大的复合隔膜（如 PP-PE-PP 复合膜），可防止电池热失控。低熔点的 PE(125 ℃) 在温度较低的条件下起到闭孔作用；PP(155 ℃) 能保持隔膜的形状和机械强度，防止正负极接触，保证电池的安全。

二次锂电池负极形成的锂枝晶是锂离子电池短路的原因之一，可用碳负极代替金属锂片负极，使锂在负极表面的沉积和溶解转变为锂在碳颗粒中的嵌脱，来防止锂枝晶的形成。控制好正负极材料的比例，提高正负极涂布的均匀性，是防止锂枝晶形成的关键。如果锂离子电池正极容量过多，在充电过程中，会使金属锂在碳负极表面沉积；而负极容量过多，电池容量损失较大。如果负极膜涂布较厚、不均匀，会导致充电过程中各处极化程度不一，有可能发生金属锂在负极表面的局部沉积。使用条件不当，也会引起电池的短路。低温条件下，锂离子的沉积速度大于嵌入速度，会导致金属锂沉积在电极表面，引起内部短路。另外，黏结剂的晶化、铜枝晶的形成也会造成电池内部短路。

众所周知，电池发生内部短路，难免导致电池发热、鼓胀、失效甚至爆喷，究其原因是短路点位置的放电产热引发正负极与电解液反应。如果短路点产热量低，电池仅会出现不同程度的鼓胀；而产热量高，就会爆喷。由于正极与负极并不发生化学反应，只有正极和负极分别与电解液发生的反应以及电解液自分解反应。

锂离子电池在发生意外事故短路时，会引发严重的安全问题。电池短路会在瞬间产生很大电流，电池内部温度急剧升高而使电池发生泄漏、起火等安全事故。

锂枝晶的形成是锂离子电池短路的原因之一。以碳负极替代金属锂片负极，使锂在负极表面的沉积和溶解变为锂在碳颗粒中的嵌脱，可以防止锂枝晶的形成。在充电过程中，正极容量过多，会使金属锂在负极表面沉积，负极容量过多，电池容量损失较严重，因此在装配过程中，要求负极过量10%。涂布厚度及均一性也会影响锂离子在活性物质中的嵌脱。负极膜较厚、不均一，因充电过程中各处极化大小不同，有可能发生金属锂在负极表面的局部沉积。使用条件不当，也会引起电池短路。低温条件下，锂离子的沉积速度大于嵌入速度，会导致金属锂沉积在电极表面，引起短路。控制好正负极材料的比例，增强涂布的均匀性等，是防止锂枝晶形成的关键。黏结剂的晶化、铜枝晶的形成，也会造成电池内部短路。在涂布工艺中，希望通过加热，将浆料中的溶剂除去，若加热温度过高，黏结剂也有可能发生晶化，使活性物质剥落，电池内部短路。涂布时，正极加热温度一般控制在150 ℃左右，负极控制在120 ℃左右；当电池过放电至1 V时，作为负极集电体的铜箔将开始溶解，在正极上析出，小于1 V时，正极表面开始出现铜枝晶，使电池内部短路。

短路分为内短路和外短路。外短路可能是由外部线路的缺陷引起的电池正负极的直接连接，通过温度传感器可以探测外短路时电池的温度变化。内短路发生在电池内部，往往很难探测。内短路会引起电池的持久短路，使电池的内部产生大电流，在小的空间内生成大量的热，大量的热无法散发，就会导致电芯温度急剧上升，有时甚至可达到 800 ℃。高温又会导致电解液的蒸发，使电极材料（如 $LiCoO_2$）释放出氧气和氢气。这两种气体混合，很容易燃烧和爆炸。

四、内部生成热对安全性的影响

一般而言，电池材料的热稳定性是影响锂离子电池安全性的重要因素，这主要与电池材料的热活性有关。当电池温度升高时，电池内部会发生许多放热反应，如果产生的热量超过了散失的热量，就会发生热失控。电池的安全性能与温度密切相关，当电池温度升高时，电池内部会发生一系列放热反应。

通常，在逐渐升高的温度下，电池的各个组分之间可能存在以下五个反应：

（1）电解液的热分解。

（2）电解液在负极表面的化学还原。

（3）电解液在正极表面的化学氧化。

（4）正极和负极的热分解。

（5）隔膜的溶解及其引起的内部短路。

其中，前三个反应直接与电解液有关，所以电解液的热安全性能直接关系整个锂离子电池体系的安全性能。对于以上五个反应，为了鉴定在这些反应中哪一个或者哪几个反应产生了决定性的热量，从而在引发热失控的过程中是最为关键的，分开研究单一组分或者两个组分之间的热响应是非常有必要的。这也是锂离子电池安全性能研究的中心问题。

（一）电解液的热分解

首先考虑电解液本身的热分解。由于锂离子电池使用的是有机溶剂电解液，电解液对锂离子电池安全性影响非常大。电池在过热、滥用状态下，有机溶剂分解和锂盐分解产生的气体产物在电池内分别充当了燃料和氧化剂，容易引起燃烧甚至爆炸。因此，要求有机电解液具有尽可能高的闪点。锂离子电池的电解液主要是在温度升高时发生 DEC、EC 和 $LiPF_6$ 之间的反应反应，放出大量的热，电解液中水分和 HF 含量过高，会加速 $LiPF_6$ 的分解。在电解液中添加一些高沸点、高闪点和不易燃的溶剂，可以改善电池的安全性，如一氟代甲基碳酸乙烯酯（CH$_2$F—EC）、二氟代甲基碳酸乙烯酯（CHF$_2$—EC）、三氟代甲基碳酸乙烯酯（CF$_3$—EC）。加入阻燃剂，如有机磷系阻燃剂、有机氟化物和氟代烷基磷酸酯等，也可以改善电池的安全性。

以三甲基磷酸酯（TMP）为例，阻燃剂阻燃的原理是受热气化，并分解释放阻燃自由基，捕获体系中的氢自由基，从而阻止碳氢化合物燃烧或爆炸。

用 LiBOB 作为锂盐的电池与传统采用 LiPF$_6$ 作为锂盐的电池相比，循环性能大大增强，而且减少了阴极在充电时与电解液所发生的热反应，使得整个体系的热稳定性得到提高。

（二）负极 / 电解液

对于锂离子电池安全性能的研究起始于碳材料的负极。研究发现，除了负极的嵌锂状态之外，电解液的组成对于热失控的起始温度也有关键性的影响。其中，相对效力、固态电解质膜（SEI）的溶解性以及有机溶剂的反应活性很可能起很大的作用。

通常在锂离子电池化成后，碳负极的表面会形成一层 SEI 膜，阻止电解液与碳负极之间的反应，起到保护负极的作用。如果电池的温度升高，SEI 膜会发生分解，导致电解液与负极直接接触而发生反应，加速电解液的分解。SEI 膜由稳定层和亚稳定层组成，亚稳定层在 90 ℃～ 120 ℃时可发生放热分解反应。当温度高于 120 ℃时，SEI 膜不能保护负极，有机溶剂会与嵌入的锂发生放热反应并产生气体。

所以总体来说，研究显示了碳负极表面 SEI 膜的热分解以及随后由嵌锂的碳负极所引起的电解液成分的还原反应可能是引发热失控的原因。

之后的研究发现，有机电解液在有机溶剂和锂盐组分上的不同会直接影响碳负极。基于这些研究的 ARC 结果，一般认为若将一个含有 LiPF$_6$/EC/DEC（33 ： 67）电解液的嵌锂碳电极 MCMB 直接加热至 150 ℃（其温度通常被公认为大部分商品化锂离子电池热失控的起始值），负极将以 100 ℃ /min 的速度进行自加热。所以知晓在电解液存在下嵌锂碳负极的普遍自加热行为，结合电池的总热容，对于预测一个实际锂离子电池的初始自加热过程是非常有用的。

负极材料的种类、电极组成及结构、表面形态和电解液组成，对 SEI 膜的形成非常重要。锂盐的种类对 SEI 膜的稳定性有很大影响。

（三）正极／电解液

正极材料如 $LiCoO_2$、$LiNiO_2$ 和 $LiMn_2O_4$，在低温下稳定，在充电状态时处于亚稳定状态，温度升高时会发生分解。这是由于作为可充放电循环的锂电池材料，其较高的充电电压会使正极材料在温度超过 200 ℃时发生化学分解而释放出氧气。在电池循环过程中由于电解液在正极表面分解而形成的正极表面层实际上会促进正极的热分解，从而导致热分解温度更低，热产生量和电极质量损失更大。正极表面层的分解成为正极主要氧释放过程的热发起者。以上发现使对锂离子电池安全性能的研究由碳负极材料逐渐转向了正极材料。

电解液中有机溶剂的作用是使正极材料的热分解具有更低的起始温度并且放出更多的热量。毫无疑问，作为在隔热体系中的燃料，电解液中有机溶剂的存在将大大加剧了锂离子电池的热安全问题。

（四）其他热分解反应

嵌锂碳与黏结剂也存在反应，在充放电过程中，含氟黏结剂（PVDF）与负极作用产生的热量是无氟黏结剂的两倍，用酚醛树脂黏结剂可以减少热量的产生。隔膜的熔化也会产生热效应。用纳米不锈钢纤维代替乙炔黑，可以降低电极的电阻，提高导电性，减少放电时的放热量。

五、循环次数对安全性的影响

循环性能是评价锂离子电池能否长期正常使用的重要指标。一定的循环周期后电池将会发生容量的衰减，引起电池安全性能的变化。研究人员通过测试锂离子电池循环前后容量、内阻、厚度的变化，对比了循环前后正负极材料状态的变化，并采用 XRD、SEM 测试方法进行了研究，总结出锂离子蓄电池的循环性能与安全性能的关系，并从电池热力学角度进行了一定的解释。

随着商业化锂离子电池应用领域的逐渐扩展，电池的安全性问题越来越受到人们的重视，特别是在 SONY 笔记本电池爆炸召回事件后，锂离子电池的安全性问题已上升到了极高位置。然而在 $LiCoO_2/C$ 系统中，复杂的化学反应使得电池的安全性问题难以得到彻底解决，这严重阻碍了其商业化。随着循环的进行，正负极材料活性降低，负极 SEI 膜增厚，电池内阻增大，从而引起电池容量的逐渐衰退和安全性能的逐渐降低。

第三节　锂离子电池安全性的设计方法

与金属锂二次电池相比，锂离子电池的安全性有了很大的提高，但仍然存在许多隐患。提高锂离子电池的商品化程度，电池的安全性能不容忽视。对锂离子电池的安全保护通常是用专门的充电电路来控制电池的充放电过程，防止电池过充放；也有的是在电池上设置安全阀和热敏电阻。这些方法主要通过外部手段来达到电池安全保护的目的，然而要从根本上解决锂离子电池的安全性问题，必须优化电池所用材料的性能，选择合适的充放电材料。

我国已经成为锂离子电池的生产大国。众所周知，锂离子电池的安全性能虽然有了很大的提高，但仍是不容忽视的。一般在电池本身的铝壳（正极罐）上有安全阀（开裂阀），还采用专门的保护回路和热敏电阻来提高锂离子电池的安全性能。

锂离子电池以其高比能量、高电压、无记忆效应、环保以及寿命长等优点，已广泛用作便携式电子产品如移动电话、笔记本电脑等的电源。在便携式小容量锂离子电池成功应用十多年后，大容量动力型锂离子电池也正在逐步开发应用，并有望用于 EV、HEV 及大中型通信装置。虽然锂离子电池相对金属锂一次电池的安全性有了较大的改善，但随着大容量锂离子电池的深入研究和应用，其过充、短路等滥用时的安全性问题逐渐凸显，已成为动力型锂离子电池大规模应用必须攻克的技术难题。影响锂离子电池安全性的主要因素有电池的电极材料、电解液以及制造工艺和使用条件等。滥用时，电池内部发生的不可控化学反应与放出的热量直接相关，而最关键的影响因素是电极材料自身的稳定性及其与电解液的反应。当电池中热量的产生速度大于散发速度时，电池就会冒烟、着火甚至爆炸。因此，目前对锂离子电池安全性的研究主要集中在电极材料与电解液的反应及其热效应方面，这些研究加深了人们对锂离子电池内部所发生的一系列放热反应的认识，并提出采用保护电路、开发新的功能电解液等措施，有效地提高电池的安全性。

锂离子电池是继铅酸、镍镉、镍金属氢化物电池之后的新一代高能

"绿色"能源，被广泛用作现代移动通信设备和笔记本电脑及摄录像一体机等信息化产品的电源。随着锂离子电池商业化的发展，锂离子电池的循环性能及安全性能的提高日益受到人们的重视。如果锂离子电池的安全性问题能彻底解决，加之其比能量高、清洁无污染等优点，其发展前途将不可限量，所以对电池安全性能的研究非常重要。

电池的安全性能与温度密切相关，当电池温度升高时，电池内部将发生一系列放热反应。可能的放热反应有：①负极与电解质的反应；②电解液的热分解；③电解液在正极的氧化反应；④正极的热分解；⑤负极的热分解。而锂离子电池的安全性关键在于电池的电解液是否使用了易燃的有机碳酸酯，因此寻找阻燃或不燃的替代溶剂体系是一种自然的选择。另外，汽车能源要求大充放电电流、高功率。锂离子电池充放电过程中会在局部产生上百度的高温，这对有机电解液来说是非常苛刻的条件。我们希望在电池发热产生高温的条件下电解液必须能保持稳定，整个电池不会发生热失控现象，因此找到具有更好热稳定性和电化学性能的电解液体系非常必要。

对电解液热稳定性的研究主要是以通过差示扫描量热法（DSC）和绝热加速量热仪（ARC）方法进行测定的。在电解液研究领域中，除了使用新的有机溶剂和锂盐以外，用于改善电解液性能的各类添加剂也得到了广泛的研究。现在主要研究的添加剂有 SEI 成膜添加剂、电导率改善添加剂和电池安全保护添加剂。

锂离子电池的安全设计应该包括多重安全机制的应用：①在满足电性能指标要求和安全性两方面要求的基础上做到合理匹配，让电池本身足够安全，并能符合所有安全性能检验规范。对于锂离子动力电池，首先应该把选择安全性高的材料放在首要位置（包括正负极材料、电解质材料、厚度适当且具有关闭功能的隔膜以及提高安全性的添加剂等），其次要适当设计单体电池的容量，最后在电池内采取必要的防止滥用的措施（如PTC）。②采取适当的可自动恢复或设定的保护或限制滥用的措施，避免滥用发生（如限制充电、防止过流、限制过放电的电路等）。③采取可更换或可修复的保护或限制滥用的措施，避免滥用发生（包括限制电流的机械电流断路器和热熔断熔断丝等）。④采取使电池完全失效，但确保安全的最后措施（如隔膜关闭功能等）。

一、锂离子电池材料方面的措施

（一）电池材料的选择

对锂离子电池的 ARC 测试结果表明，随着开路电压的升高，电池起始放热反应温度下降并且电池的自加热速率增大，因而电池安全性下降；循环次数以及容量对电池的起始放热反应温度影响不大，但随着循环次数以及容量的增加，电池的自加热速率增加，因而电池热安全性总体来说也在下降。正负极材料热分析表明，负极在 60 ℃左右开始放热，而正极在110 ℃左右开始放热，但正极放热反应比负极剧烈，这是导致电池爆炸失控的主要原因。

从过充机理来看，电池过充安全性与正极材料有密切关系，不同正极材料在过充过程中的结构稳定性不同。当电池温度迅速上升时，不同正极材料的电池安全性各不相同。其中以磷酸铁锂为正极材料的电池安全性能较好，而镍钴锰酸锂电池又好于钴酸锂电池。电池的其他部分基本相同，因此正极材料的安全性就决定了电池的安全性。

现在，主流锂离子充电电池的正极通常采用 $LiCoO_2$，负极采用石墨，当温度达到 150 ℃左右时，正极材料会产生氧气，并和电解液发生反应，出现异常发热的现象。因此，很多汽车采用很难产生氧气的 $LiMn_2O_4$ 作为正极材料。另外，$LiMn_2O_4$ 因为 Mn 的溶出导致寿命不稳定，同时能量密度与现在的锂离子充电电池相比有所降低。为了提高电池的安全性，汽车制造商及电池生产商在研究正极材料特性的同时，也在使用不同的负极材料、电解液及隔膜反复进行试验，以找到最合适的组合。

许多公司都选择采用 $LiFePO_4$ 作为锂离子充电电池的正极材料，虽然其平均电压很低，只有 3.5 V，能量密度也很低，但在高温条件下其安全性却非常高，并且价格稳定。因此，厂商对 $LiFePO_4$ 寄予了厚望。

在实际应用方面，美国 A123 系统公司对正极材料采用了在粒径很小的磷酸铁中适量添加碳素的方法来延长电池寿命。该公司的试验结果表明，其面向插入式混合动力车所开发的电池单元在放电深度（DOD）100% 的条件下经过 3 000 个充放电周期后，仍然能维持 90% 的容量。

微量杂质的存在对电池性能的影响非常大，提高电解液的纯度可以保证电解液中有机溶剂较高的氧化电位，减少 $LiPF_6$ 的分解，减缓 SEI 膜的溶解，防止气胀。溶剂的纯度直接影响其氧化电位，从而进一步影响电解液的稳定性。水、乙醇等质子性化合物，在电池的首次充放电过程中，与 $LiPF_6$ 发生反应，造成 HF 含量的增加；而水和 HF 又会与 SEI 膜的主要成分 $RoCO_2Li$ 和 Li_2CO_3 发生反应，从而破坏 SEI 膜的稳定性，致使电池性能恶化，影响电池的安全性能。金属杂质离子具有比锂离子更低的还原电位，在充电过程中，它们首先嵌入碳负极，减少锂离子嵌入的位置，从而减少锂离子电池的可逆容量。金属杂质离子含量高，不仅会导致锂离子电池可逆容量下降，还可能因为它们的析出导致石墨电极表面无法形成有效的 SEI 膜，使整个电池的性能遭到破坏。因此，必须将杂质含量控制在一定范围内。

锂盐的选择也很重要，常用的锂盐主要有 $LiPF_6$、$LiClO_4$、$LiBF_4$、$LiAsF_6$ 等。$LiClO_4$ 是一种强氧化剂，使用 $LiClO_4$ 的电池高温性能不好，而且 $LiClO_4$ 本身受撞击容易爆炸；$LiBF_4$ 的热稳定性差，$LiAsF_6$ 有毒且价格昂贵。这三种锂盐在生产上都很少使用，仅在实验室有所使用。$LiPF_6$ 是目前锂离子电池中最常用的电解质盐，但其热稳定性也不够理想，而且制备过程复杂，遇水易分解。寻求能替代 $LiPF_6$ 的新型锂盐是提高电池安全性能的途径之一。有机阴离子盐 $LiCF_3SO_3$ 和 $Li(CF_3SO_2)_2N$ 是研究较多的两种，它们具有良好的电化学稳定性和适当的电导率，但在锂离子电池正常使用电位内，含 $LiCF_3SO_3$ 和 $Li(CF_3SO_2)_2N$ 的电解液对正极集流体铝有腐蚀作用，铝电极表面钝化很差，因此这类盐难以用于以铝作为正极集流体的锂离子电池，但其仍有希望成为新一代性能优良的锂离子电池电解质盐。

可将应用功能性电解液作为防止热失控现象出现的手段，防止电池过度充电。具体来说，在电解液中添加质量分数为 2% 的 CHB（环己基苯）可以防止电压上升，从而避免热失控现象的发生。由于 CHB 发生分解时的电压低于电解液的主要成分 EC 的分解电压，电池单元的温度能够控制在 100 ℃以下。而且与不添加 CHB 时相比，添加 CHB 之后，电池不仅放电容量不会下降，还可能提高 100 个充放电周期之后的容量保持率。在耐热性隔膜方面，目前的隔膜在 150 ℃左右将会发生熔化现象。日本东燃化学株式会社研发出了在 190 ℃时不会熔化的隔膜。锂离子充电电池是否会发生热失控现象，基本取决于 190 ℃以下的温度区间，所以该公司认为，使用此隔膜可以提高电池的安全性。至于电池中的微多孔膜的孔洞会由于发热而堵塞，并停止锂离子交换的切断功能，仍然和以前一样，会在大约130℃时发挥作用。

（二）加入过充保护剂

电池过充电不仅会在电池的正负极和电解质中引发一系列副反应，导致材料的活性降低和电解质的消耗，造成电池容量的损失，还会放出热量，引发电池温度和内压迅速升高，加剧副反应。当温度和内压增加到一定程度时，电池就会有爆炸的危险。目前应对电池过充的电解质添加剂主要有氧化还原对保护、电聚合过充保护等。过充保护剂必须满足两个基本要求：①它们的氧化电位应该在阴极充电截止电势和电解液氧化分解电势之间；②过充保护剂不能对电池的循环效率造成负面影响。

过充保护是通过在电解液中添加某种物质，利用其氧化还原电位或电聚合电位来实现的。过充保护添加剂一般具有良好的溶解性、高的扩散速率、良好的稳定性以及合适的氧化电位等。

1. 氧化还原对保护添加剂

氧化还原对保护添加剂实现过充保护的原理如下：在电解液中添加合适的添加剂，形成氧化还原对，当电池正常充电时，该氧化还原对不参加任何化学或电化学反应；当充电电压超过电池的正常充电截止电压时，添加剂开始在正极发生氧化反应。氧化产物扩散到负极被还原，还原产物再扩散到正极被氧化，整个过程循环进行，直到电池的过充电结束。

因此，在电池充满电后，氧化还原对就在正极和负极之间穿梭，吸收多余的电荷，形成内部防过充电机制，显著改善电池的安全性能和循环性能。氧化还原对发挥作用时必须经历氧化—扩散—还原三个过程，因此对氧化还原对保护添加剂的要求也十分苛刻，主要包括：①氧化还原对添加剂的化学状态必须非常稳定，不能与电池其他部分发生反应。②添加剂氧化起始电位必须略高于电池最大正常工作电位。如果电位过低，电池在储存时会发生自放电，造成容量的减少；如果电位过高，则不能够有效防止电池过充。③氧化还原对保护添加剂必须有足够的浓度和扩散系数以承载足够大的氧化还原电流；氧化还原电流至少要和充电速率相适应。此外，理想的添加剂还必须具有可逆循环性好、电化学当量少、不易挥发、低毒、低成本等特点。

目前，氧化还原对保护添加剂使用中存在的主要问题有以下几个：第一，氧化还原剂发生作用时在电池内部反应会产生大量热，对电池安全构成威胁；第二，添加剂分解会产生气体，造成电池内部胀气；第三，目前正在研究中的大部分氧化还原剂存在溶解度低、扩散速度慢的缺点，不能满足大电流充放电的要求。因此，单独使用此法并不能完全确保电池的安全或满足电池的实际需求，需与其他方法配合使用。

2. 电聚合过充保护添加剂

过充电的一个显著特征就是电池电压失控。因此，在电解液中加入少量的可聚合单体，利用电聚合原理，当电池电压超过一定值时，使单体发生聚合，生成的聚合物附着在电极表面，或者穿透隔膜形成高导电性的通道，将本该通过电极、电解质传导的离子替代为电子，使充电电流在电池的正负极之间产生旁路，使电池无法继续充电；或者生成高阻抗的膜，增大电池内阻，将充电过程强制结束。

对于电聚合过充保护添加剂而言，除了满足锂离子电池溶剂的特性之外，还要有适合的聚合电位。聚合电位要高于电池正极充放电的电位，还要低于正极材料与电解液发生剧烈放热反应的电位。大的电聚合氧化电流能够保证大电流过充下电池的安全性。以下对典型的几类电聚合过充保护添加剂进行综述和分析。

联苯、3-氯噻吩、呋喃、环己苯及其衍生物等芳香族化合物在一定的电势下发生电聚合反应，生成的导电聚合物膜造成电池内部微短路，使电池自放电至安全状态。电聚合产物使电池的内阻升高、内压增大，增强了与其联用的保护装置的灵敏度，若将此种方法与安全装置（内压开关、PTC）联用，可将锂离子电池中的安全隐患降低。电聚合过充保护添加剂的聚合反应电势应该介于溶剂的分解电压与电池的充电终止电压之间，要根据溶剂的分解电压与添加剂的聚合电压，选择合适的添加剂。添加剂的用量通常不超过电解液总量的10%。

联苯可以作为锂离子电池的过充保护添加剂。当电池过充到4.7 V时，联苯发生电聚合反应，增大电池内阻。同时，反应生成的氢气激活防爆阀，使电池开路。用SEM观察联苯聚合体在电极表面的形貌发现：如果过充时间很长，聚合单体在正极形成的聚合膜会变厚，穿透隔膜到达负极，在两电极间形成短路，消耗多余电流，防止电池电压继续升高。研究还表明，加入 10%WT（质量百分数单位）的联苯后，电池的放电容量仅降低 2.2%；电池在充放电 100 个循环后，电量损失仅为 10%。如果提高联苯的浓度，发现电解液聚合反应速度加快，电池的最高温度降低，但电池的循环性能降低，胀气程度增大。为改善电池的循环性能，研究人员在加入联苯的同时，加入了叔戊基苯，电池循环性能略有提高，300 次循环后电池容量仍能保持在 82% 以上。联苯与叔戊基苯的共同使用对以锰酸锂、镍酸锂、钴酸锂为正极材料的 18650 电池都有明显的过充保护作用。

（三）加入阻燃添加剂

造成锂离子电池燃烧爆炸的直接原因是内外短路或充放电电流过大引起电池温度迅速升高，以及电池过充过放引起的电解质分解产生的大量气体与热量引起电池温度升高与内部压力过大。同时，过高的内部温度也是造成电解质分解和电极材料的化学反应活性过高的重要诱因。电池安全性添加剂的基本作用就是阻止电池温度过度升高和将电池电压限定在可控范围内。因此，添加剂的设计也是从温度和充电电位诱发添加剂发挥作用的角度进行考虑的。

由于目前的锂离子电池多使用极易燃烧的碳酸酯类有机电解液，电池过充、过放和过热都有可能引起电池燃烧甚至爆炸。因此，在电池的主体材料（包括电极材料、电解质材料和隔膜材料）在短时间内不可能发生根本改变的情况下，改善电解液的稳定性是提高锂离子电池安全性的一条重要途径。功能添加剂具有针对性强、用量少的特点，在不增加或基本不增加电池成本、不改变生产工艺的情况下，能够显著改善电池的某些宏观性能。因此，功能添加剂成为当今锂离子电池有机液体电解质的一个研究热点。

为了抑制电解液的燃烧，可以采用在电解液中添加阻燃剂的方法，当阻燃剂达到一定浓度后可以完全抑制电解液的燃烧，或者采用本身具有不燃性质的氟代酯类做电解液的溶剂。但是目前报道的阻燃剂往往在较高浓度时与电池的碳负极相容性较差，因此限制了其广泛应用。除了以上已经广泛采用的机械方法和正在研究的化学方法外，还有很多正在研究的安全措施，如用离子液体作电解液或者在电解液中添加热失控抑制剂等。

1. 阻燃机理

锂离子电池电解液阻燃添加剂最早源于高分子聚合物阻燃剂的研究。

由于被阻燃物质的存在状态不同，其阻燃机制与高分子材料的阻燃机制也有所不同。目前被人们普遍接受的锂离子电池电解液阻燃添加剂的作用机制是自由基捕获机制。例如，三甲基磷酸酯（TMP）在受热时气化分解，释放出具有捕获电解液体系中氢自由基的阻燃自由基，阻止碳氢化合物燃烧或爆炸的链式反应发生。显然，阻燃剂的蒸气压和阻燃自由基的含量是决定阻燃剂阻燃性能的重要指标。就电解液体系而言，溶剂的闪点和含氢量在很大程度上决定了其易燃程度。溶剂的沸点越低，含氢量越高，在受热条件下就越容易燃烧或爆炸，在对这样的溶剂进行阻燃时所需阻燃剂的用量也就越大。目前，用作锂离子电池电解液阻燃添加剂的化合物主要是有机磷化物、有机卤化物和磷-卤、磷-氮复合有机化合物。

在电解液中添加高沸点、高闪点的阻燃剂，可改善锂离子电池的安全性能。阻燃添加剂的主要作用是改善负极和电解液的热稳定性，从而达到阻燃效果。3-苯基磷酸酯（TPP）和3-丁基磷酸酯（TBP）也可以作为锂离子电池电解液阻燃添加剂。

2. 阻燃添加剂

（1）有机磷化物阻燃剂。有机磷化物阻燃剂主要包括一些烷基磷酸酯、烷基亚磷酸酯、氟化磷酸酯以及磷腈类化合物。这些化合物在常温下是液体，与非水介质有一定的互溶性，是锂离子电池电解液主要的阻燃添加剂。烷基磷酸酯如磷酸三甲酯（TMP）、磷酸三乙酯（TEP）、磷酸三丁酯（TBP）、磷酸三苯酯（TPP）、二甲基甲基膦酸酯（DMMP）、亚丙基磷酸乙酯（EEP），磷腈类化合物如六甲基磷腈（HMPN），烷基亚磷酸酯如亚磷酸三甲酯（TMPI）、三-（2，2，2-三氟乙基）亚磷酸酯（TTFP），氟化磷酸酯如三-（2，2，2-三氟乙基）磷酸酯（TFP）、二-（2，2，2-三氟乙基）-甲基磷酸酯（BMP）、（2，2，2-三氟乙基）-二乙基磷酸酯（TDP）、苯辛基磷酸盐（DPOF）等都是良好的阻燃添加剂。比较发现，TEP和TMP在石墨电极上不稳定，而HMPN的熔点和黏度较高。为了弥补这些缺点，在磷酸盐中引入了氟元素，合成了TFP、BMP和TDP，并考查了它们对锂离子电池电解液的阻燃作用和电化学性能的影响，发现三种添加剂都能保持电解液的电导率和优良的电化学性能。其中，氟化磷酸酯的阻燃效果明显优于相应的烷基磷酸酯，并以TFP的综合性能最佳。

（2）有机卤化物阻燃剂。有机卤化物阻燃剂主要是指含氟的有机阻燃剂。锂离子电池非水溶剂中的 H 被 F 取代后，其物化性质会发生一系列变化，如熔点降低（有助于提高锂离子电池低温性能）、黏度降低（有利于载流子迁移，提高电解质电导率）、化学和电化学稳定性提高（改善了电池循环性能）、闪点升高等。以 F 取代 H 降低了溶剂分子的含氢量，也就降低了溶剂的可燃性。因此，利用 F 元素的阻燃特性，以有机氟化溶剂做添加剂或共溶剂可以改善电池在受热、过充电状态下的安全性能。作为锂离子电池添加剂或共溶剂的有机氟化溶剂主要包括氟代环状碳酸酯、氟代链状碳酸酯以及烷基－全氟代烷基醚等。

（3）复合阻燃剂。复合阻燃剂兼有多种阻燃剂的特性，其阻燃元素间的协同作用可提高阻燃剂的阻燃效果，降低阻燃剂用量，因此成为现代阻燃剂的发展方向。目前，锂离子电池电解液中的复合阻燃添加剂主要是磷－氮类化合物（P–N）和卤化磷酸酯（P–X），阻燃剂通过两种阻燃元素的协同作用发挥阻燃作用。卤化磷酸酯主要是氟代磷酸酯。与烷基磷酸酯相比，氟代磷酸酯具有下列优点：①F 和 P 都是具有阻燃作用的元素。阻燃剂中同时含有 F 元素和 P 元素，阻燃效果更加明显；②电解液组分中含有 F 原子有助于在电极界面形成优良的 SEI 膜，改善电解液与负极材料间的相容性；③F 原子削弱了分子间的黏性力，使分子、离子的移动阻力减小，所以氟代磷酸酯的沸点、黏度都比相应的烷基磷酸酯低；④氟代磷酸酯的电化学稳定性和热力学稳定性较好，利于电解液表现出较佳的综合性能。前面提到的 TFP、BMP、TDP、DPOF 等本身就是复合阻燃添加剂。

虽然有多种物质作为阻燃剂都可以得到很好的阻燃效果，但是目前各种阻燃剂存在的缺点也是显而易见的。首先，阻燃剂给锂离子电池带来的最大影响是降低了电池的循环稳定性。许多研究者都发现，如果单独使用阻燃剂，在电池的首次循环过程中阻燃剂不能在电池的碳负极材料上分解形成稳定的 SEI 膜，石墨层结构剥离比较严重，电池的循环性衰减较快，安全性提高也不明显。解决的办法是在电解液中再加入成膜添加剂，如碳酸亚乙烯酯（VC）或碳酸乙烯亚乙酯（VEC）。这时，由于成膜添加剂的还原电位高于阻燃剂的还原电位，在放电过程中成膜添加剂优先还原，还原产物在石墨负极表面形成良好的 SEI 膜，有效抑制了阻燃剂的分解和由于共嵌入而导致的石墨负极脱落。但随着 SEI 膜厚度的增加，电池内阻增加，又会导致电池容量降低。其次，由于烷基磷酸酯黏度通常都比较大，在电解质中加入这类阻燃剂会在一定程度上降低电解液的电导率和电化学稳定性，影响电池的大电流充放电能力。

（四）热敏感添加剂

为了防止过充状态热失控的发生，实际应用中电池外部往往配置一个正温度系数（PTC）电阻片。当电池温度超过某一个设定值时，电阻的阻值会随着温度的升高而迅速增加。利用这一 PTC 效应，可在电池温度出现异常升高时降低或切断充放电电流。这一方法简单，但并不十分可靠。由于电池外壳的温度升高要滞后于电池内部，配置在电池外壳上的 PTC 电阻片并不能及时、准确地"感受"到电池内部的实际温度。对电池充放电的研究表明，当电池在室温附近正常工作时，PTC 材料对电池没有任何影响。当电极温度为 80 ℃～ 100 ℃时，PTC 效应逐渐显现出来。随着温度的升高，材料电阻增大。当温度超过 100 ℃时，电池电阻急剧增大，电池充电电流迅速减小，大大提高了电池的安全性能。当电池回归到正常温度范围内时，PTC 材料自身的阻抗又变小，电池也能正常充放电。与电聚合过充保护添加剂相比，PTC 添加剂材料的优势是非常明显的，因此值得大力开发。但是，目前已发现的具有 PTC 效应的材料大多数是无机物，如 $BaTiO_3$、V_2O_5 等，此类材料产生 PTC 效应的温度较高，因此不能应用于锂离子电池。为锂离子电池找到合适温度下具有 PTC 效应的材料是关键，目前这方面的研究很少。

为提高锂离子电池的安全性能，在电解液中添加 SEI 膜促进剂、过充保护剂、阻燃剂等方面的研究已取得了较大的成果，部分添加剂已经实用化。目前含 SEI 膜促进剂电解液的锂离子电池在作为后备电源方面体现出了整体性能优势，而含有安全机制电解液的锂离子电池的安全性也提高到了人们可以接受的程度。通过采用专门的充电电路、设置安全阀和热敏电阻等外部手段和内在的电化学安全机制相结合，可以使锂离子电池的安全性能得到保证。

安全问题是对锂离子电池实际应用的一个重大挑战。大电流充放电时，电池内部的热积累极易导致热失控，甚至引起电池的燃烧和爆炸。其症结主要在于具有低燃点的有机电解液，所以降低电解液的可燃性成为解决锂电池安全问题的主要途径。但研究表明，电池安全性能的提高常以其电化学性能的下降为代价。这主要归因于电解液组分的改变影响了碳负极表面 SEI 膜的组成和性能。目前提出选择功能性添加剂，如氟代苯基硼烷类和磷氰类化合物等，它们能使电池的安全性能得到改善，而且由于其所需含量较少，对电池的电化学性能的影响也较小，成为研究的热点。

（五）材料表面包覆

1.氧化物包覆

在锂离子电池中，可以采用一些金属氧化物包覆材料颗粒的表面，以避免在材料表面发生一些不希望发生的反应并保护体相材料。例如，表面包覆 MgO 的 $LiCoO_2$ 正极材料，可以使商品 $LiCoO_2$ 的电化学性能得到显著改善。

目前包覆用的氧化物的材料种类较多，由于 Al_2O_3 是较早用于包覆的氧化物，对它的研究比较系统。Al_2O_3 包覆最初只是用于提高正极材料的循环稳定性，但是之后对 Al_2O_3–$LiCoO_2$ 材料的研究表明 Al_2O_3 能够明显提高正极材料的过充热稳定性。

对于氧化物提高材料热稳定性的机理，目前研究者的观点不尽相同：有学者认为 Al_2O_3 是较好的导热材料，包覆增加了材料的表面积，使材料的散热能力增强，从而提高了材料的热稳定性。但是增强散热能力并不能够减少总的放热量，而多数研究者发现氧化物包覆可以减少总的放热量、提高放热温度。另外有人认为这种方法能够提高热稳定性，主要是因为减少了活性材料与电解液之间的反应面积。包覆材料能够稳定基体材料的相变也是其能提高材料性能的主要原因。

2.磷酸盐包覆

在磷酸盐材料中 $AlPO_4$ 包覆正极材料是研究较早的一种，目前对它的研究也较为系统。对于 MPO_4（M=Al、Fe、Co）提高正极材料的过充稳定性的机理分析，主要是表面的包覆材料中 P—O 共价键的结合很牢固，这对材料过充稳定性有很大的帮助。最近研究表明，与 MPO_4 结构相似的硅酸盐也表现出相似的性能，这为包覆材料的开发开辟了一片新的空间。

3.其他包覆

Al_2O_3 在包覆正极材料时会受到电解液中的氢氟酸的腐蚀，从而在材料表面生成稳定的 AlF_3。此外，$Al(OH)_3$ 包覆、碳包覆和有机物包覆也可以提高正极材料的热稳定性。总之，尽管目前不能从理论上确定哪种类型的包覆材料最适合，但是包覆材料通常应具有较高的稳定性，材料包覆后稳定了被包覆材料在过充中的结构，可减少脱锂后正极材料与电解液之间的反应，同时减少正极材料过充中的释氧，因此可提高正极材料的耐过充性能。

（六）材料掺杂改性

1. 阳离子掺杂

最初阳离子掺杂的主要目的在于提高材料结构的稳定性，从而提高材料循环性能。随着对掺杂的深入研究，人们发现掺杂后材料在深度脱锂状态下具有较稳定的结构，使材料热稳定性明显提高。

2. 氟离子掺杂

氟离子取代正极材料中的部分氧离子能够稳定正极材料的结构，使材料在循环过程中及过充条件下的稳定性增强，从而提高材料的安全性。另外，氟的掺杂减少了材料在高电位下的释氧，抑制了电解液的氧化，从而提高了材料的安全性。

与包覆相比，离子掺杂只是起到稳定材料结构的作用，不能减少脱锂材料与电解液之间直接接触的面积，掺杂材料的包覆对材料热稳定性有很大的提高，但是工艺相对复杂。

（七）隔膜防护

当电池由于针刺或挤压等产生很大的电流通过电池，造成电池温度上升时，电池内部的多孔隔膜迅速软化。由于电池卷芯较紧，隔膜受到挤压，多孔结构相互粘连而形成一种几乎完全封闭的结构，因而不能再为离子的传输提供通道。此时流过隔膜的电流被迅速切断，安全性能较好的电池，针刺后温度迅速上升，但是在达到隔膜的软化温度时，温度开始下降，电池不再有危险。

二、改进安全性的其他保护措施

（一）电池储存中的安全措施

锂离子电池在储存时，要注意正确的方法，如环境温度、湿度等。锂离子电池在储存间隙较长时，电量应保持标称电量的30%～50%，大约每半年要至少充放电一次。此外，不可将锂离子电池进行外部短路或放置在危险的环境中，否则会影响电池的安全性。

（二）电池使用中的安全措施

使用条件对锂离子电池的安全性有明显影响，锂离子电池在使用过程中，其安全性越来越差。锂离子电池经高温、高荷电态储存后，锂离子电池的安全性能下降。放电态储存对于锂离子电池是一种较好的储存条件，有利于储存后电池综合性能的保持。另外，采用安全的保护电路和电池管理系统，防止用户的电池外部过热、短路、过充电、过放电，能够提高锂离子电池的安全性。

温度对电池系统的运行、充放电效率、功率与能量、安全与可靠性、寿命和成本都有重要影响。对电池组而言，其表面不同位置（点）存在温差，组间阻抗不一致，而电池局部热传导的差异，可进一步增大阻抗的差异，同时电池组间热传输效率也存在差异，其强烈依赖于电池的形状与尺寸及组合方式，从而进一步增大电池组间温差与阻抗。

对于动力锂离子电池组，可以采用物理与化学热控方法，如强迫对流散热法（冷水循环，风机抽走热量）和PCM法（相变材料如工业石蜡，放电时石蜡吸收电池内部产生的热而熔化，充电时石蜡将凝固）来提高电池（组）的安全性。

第九章 锂离子电池材料电化学性能及其预测

第一节 锂离子电池材料的热力学稳定性

在过去二三十年里，锂离子电池因其能量密度高和倍率性能良好等诸多优点成为现代社会生活中不可或缺的一类能量存储和转换装置。虽然锂离子电池目前已经成功地应用于各种便携式设备，并且它们作为动力电池，在电动汽车领域也有非常广阔的应用前景，但是其仍难以满足当代社会和经济发展的需求，安全性和更高的能量密度将是今后很长一段时间人们所追求的目标。因此，新的电极材料的开发和研究将具有重要的意义。然而在传统的电极材料的研发过程中，新材料的合成、结构表征和性能测试通常要经历一个摸索过程，往往会遵循尝试—修正—再尝试的模式，这不仅延长了开发周期，而且增加了资源的损耗。这些问题的产生主要源于人们对材料的微观结构与电化学性能之间的内在关系没有足够清晰的认识，进而使以功能和性能为导向的材料设计变得比较困难。而第一性原理计算的应用以及材料的理论设计等理念的引入，将大大减轻新电极材料研发过程中的工作量。因此，以第一性原理计算为基础，系统地研究锂离子电池的电极材料的结构稳定性、电子结构、掺杂效应、表/界面效应和扩散动力学等问题，并揭示它们的结构和电化学性能之间的关系，将为新型电池材料的设计和性能调控提供重要的理论依据。

在锂离子电池中，"摇椅理论"是被人们广泛接受的一种机理：锂离子在充放电过程中可以可逆地在电极材料的晶格结构中嵌入或脱嵌，而电极材料中的过渡金属则发生变价，从而实现电荷的补偿。在整个循环过程中，电极材料骨架的结构稳定性无疑至关重要，因为它决定了材料的循环

211

性能和安全性。例如，传统的 $LiCoO_2$ 正极材料在深度脱锂的条件下会发生结构相变并导致其性能迅速衰退，其实际比容量仅为 145 mA·h/g，即仅有 0.5 个锂可以可逆地参与到电化学反应中。最近与锰基富锂材料有关的研究进展则表明：它们普遍存在着首次不可逆容量损失大、容量和电压会在循环过程中持续衰退的问题。这些问题的产生与富锂材料在高电位条件下（> 4.5 V）充电时晶格氧的不可逆损失密切相关，并会导致安全性问题。因此，采用第一性原理对电极材料的结构稳定性进行评价，并从微观电子结构的角度分析和阐明结构稳定性及失稳现象的本源，将为设计高稳定性和长循环寿命的电极材料提供重要的理论依据。

一、电池材料相对于元素相的热力学稳定性

为了评估电池材料的热力学稳定性，最常用的物理量就是材料的标准摩尔生成焓（$\Delta_f H_m$）或者标准摩尔生成吉布斯自由能（$\Delta_f G_m$）。

根据纯物质的热力学数据手册，可以获得磷酸铁和金属锂晶体在标准压力和不同温度下的最稳定结构的标准摩尔生成吉布斯自由能的实验值，而根据第一性原理计算则可以确定不同材料的基态总能量。因此，最终可通过第一性原理计算确定 $LiFePO_4$ 的标准摩尔生成吉布斯自由能。材料的摩尔生成焓或摩尔生成吉布斯自由能是强度性质，并不依赖于反应的路径，因此上述计算方法不仅适用于研究磷酸铁锂正极材料的热力学稳定性还适用于其他正极、负极材料。

在实际应用中还需要进一步考虑电极材料的不同嵌锂态的热力学稳定性。电极材料相对于元素相即使具有很低的生成能，也不足以判断电极材料是否是热力学稳定的，主要原因在于电极材料在嵌脱锂过程中很有可能会发生相变而转变为其他结构的稳定氧化物。

二、电池材料相对于氧化物的热力学稳定性

与其他材料不同，具有不同化学计量比的电极材料能否发生相变，这个问题对于研究和分析电极材料的可逆性和循环性能都是非常重要的。在这种情况下，计算电极材料相对于氧化物的生成吉布斯自由能可能更加合理。电极材料相对于氧化物的生成吉布斯自由能可定义为：以稳定的氧化

物作为反应物，通过化学反应生成相应的电极材料时，反应的吉布斯自由能的变化数值。

正极材料中的锂离子将在充电过程中从晶格脱嵌，晶格体积和化学计量比的变化将导致电池材料的微观成键结构发生变化，从而对它们的热力学稳定性产生影响。

目前，实验结果已经证实，$LiFePO_4$ 和 $FePO_4$ 具有很高的热力学稳定性，而且它们具有优良的循环性能，文献曾报道 $FePO_4$ 在温度为 500 ℃ ~ 600 ℃ 时仍能保持稳定的结构，且不会存在氧释放的问题。但是对于 $MnPO_4$ 的热力学稳定性，目前仍存在一些争议。人们一度认为 $MnPO_4$ 与 $FePO_4$ 一样，两者的热力学稳定性是相当的。需要指出的是，除了热力学的原因之外，还有其他几种可能导致材料发生结构相变的机制：例如，按软模理论所描述的不稳定的晶格振动可以导致相变的发生，在外部应力作用下材料的力学失稳也可能引发相变。对于锂离子电池而言，锂离子在电极材料的晶格中反复嵌入和脱嵌将导致晶体颗粒的内部产生局部应力和应变。良好的可逆性要求电极材料不但要在应变产生时能够保持稳定的结构，而且在应力作用下要仍能保持良好的力学稳定性，不应发生力学失稳的现象。对于 $MnPO_4$ 相变的本质及其根源，仍需要展开相关的理论研究。

第二节　电极材料的力学稳定性及失稳机制

一、Li_xMPO_4（M=Fe、Mn；x=0、1）材料的力学性质

电极材料对应力场的力学响应与材料本身固有的弹性性质密切相关。当电极材料在形变的作用下发生力学失稳的现象时，相变将会发生并导致电池性能的衰退。因此，可以预期在充放电过程中电极材料的力学稳定性和材料的循环性能之间存在着重要的联系。为了研究这个问题，首先需要计算材料的弹性刚度（C_{ij}）和弹性柔度（S_{ij}），相关的计算方法如下：

$$\begin{pmatrix} \sigma_{xx} \\ \sigma_{yy} \\ \sigma_{zz} \\ \tau_{yz} \\ \tau_{zx} \\ \tau_{xy} \end{pmatrix} = \begin{pmatrix} C_{11} & C_{12} & C_{13} & 0 & 0 & 0 \\ C_{21} & C_{22} & C_{23} & 0 & 0 & 0 \\ C_{31} & C_{32} & C_{33} & 0 & 0 & 0 \\ 0 & 0 & 0 & C_{44} & 0 & 0 \\ 0 & 0 & 0 & 0 & C_{55} & 0 \\ 0 & 0 & 0 & 0 & 0 & C_{66} \end{pmatrix} \begin{pmatrix} \varepsilon_{xx} \\ \varepsilon_{yy} \\ \varepsilon_{zz} \\ \gamma_{yz} \\ \gamma_{zx} \\ \gamma_{xy} \end{pmatrix}$$

式中：$\sigma, \tau, \varepsilon$ 和 γ——分别是拉张应力、剪应应力、拉伸应变和剪应应变。

C_{ij}——弹性常数矩阵元，它们可以通过公式 $S=C^{-1}$ 与弹性柔度矩阵元（S_{ij}）联系起来。

除了弹性常数之外，还有其他一些量可以用于描述晶体的力学性能。一般来说，电极材料都是经过烧结得到的，而烧结粉末往往都是由无序取向的单相单晶聚集形成的多晶样品。在这种情况下，计算多晶电极材料的模量比较重要。目前多晶模量的计算方法主要有 Voigt 法和 Reuss 法两种。对于一个正交晶体，剪应模量（G）和体模量（B）完全可以根据弹性常数近似地估算出来：

$$\frac{1}{G_R} = \frac{4}{15}\left(S_{11} + S_{22} + S_{33}\right) - \frac{4}{15}\left(S_{12} + S_{13} + S_{23}\right) + \frac{3}{15}\left(S_{44} + S_{55} + S_{66}\right)$$

（9-1）

$$G_V = \frac{1}{15}\left(C_{11} + C_{22} + C_{33} - C_{12} - C_{13} - C_{23}\right) + \frac{1}{5}\left(C_{44} + C_{55} + C_{66}\right)$$

（9-2）

$$\frac{1}{B_R} = \left(S_{11} + S_{22} + S_{33}\right) + 2\left(S_{12} + S_{13} + S_{23}\right) \tag{9-3}$$

$$B_V = \frac{1}{9}\left(C_{11} + C_{22} + C_{33}\right) + \frac{2}{9}\left(C_{12} + C_{13} + C_{23}\right) \tag{9-4}$$

实际上由 Voigt 法和 Reuss 法计算得到的数值分别为上限和下限，因此以两者的算术平均值来描述多晶的模量应该更加合理：

$$G = \frac{G_R + G_V}{2}, \; B = \frac{B_R + B_V}{2} \tag{9-5}$$

由于 $MnPO_4$ 具有很大的剪应各向异性，电极材料在充放电过程中将会很容易产生微观裂纹及晶格位错，从而导致电池材料的电化学性能发生明显的衰退。这种反常现象应该与 $MnPO_4$ 材料在某个特定晶面上的各向异性的成键特征密切相关。为了揭示宏观力学性能与微观成键特征之间的关系，仍需要对 $LiMPO_4$ 材料在脱锂前后的电子结构进行系统的研究。

二、Li_xMPO_4（M=Fe、Mn；x=0、1）材料的电子结构及力学失稳机制

在 MnO_6 八面体中，锰离子的高自旋排布结构将导致系统具有较大的 Jahn-Teller 效应。这个现象是很普遍的，且在一些锰基正极材料（$LiMn_2O_4$、Li_2MnSiO_4 和 $LiMnPO_4$）中已经被证实。通过比较和分析成键特征的变化可以发现，Li_xFePO_4 和 Li_xMnPO_4 两种材料的电子结构确实存在明显的差异。锂离子的脱嵌将导致 $LiFePO_4$ 的 Fe—O（Ⅰ）键变短，而 Fe—O（Ⅱ）键则变长，这两类化学键的键长逐渐趋于相等。这个结果表明，$FePO_4$ 脱锂态中的 FeO_6 八面体的畸变将会减小。而 Li_xMnPO_4 材料中的 Mn—O（Ⅰ）和 Mn—O（Ⅱ）键则表现出相反的变化趋势：锂离子脱嵌后两类键长的比值从 1.067 增大至 1.166。因此，$MnPO_4$ 脱锂态中 MnO_6 八面体的结构畸变显著增大。由于结构上的变化，$MnPO_4$ 材料在空间中的电荷分布将与 $FePO_4$ 完全不同。

对于一个共价晶体，较弱的共价键可以导致两个结果：化学键很容易发生断裂，这与材料的脆性行为相关；而较弱的共价键也可激活晶体中的一些滑移系统，这使剪应形变在某些方向上更容易发生。这两种行为相互协作和竞争，并最终决定了晶体材料的力学性质。为了确定材料的微观化学成键与弹性常数之间的内在联系，需要对应力和应变间的关系以及材料在某些界面上的键强度进行估算。

由于 $MnPO_4$ 脱锂态中的滑移系统因锂离子的脱嵌而被激活，剪应形变和晶格位错将更容易发生。虽然从热力学的角度考虑，该反应仍是吸热的，但是计算结果表明，较差的力学性能是导致 $MnPO_4$ 材料发生相变的

新时代锂电材料性能及其创新路径发展研究

一个重要原因，相变的发生将对电极材料的可逆性和循环性能产生重要影响，这与 Li_xFePO_4 材料完全不同。

第三节　锂离子电池材料的电化学性能的理论预测

一、电极材料的理论电压及储锂机制

锂离子电池材料相对于金属锂的电位是一个很重要的参数，因为它决定了所构筑电池的输出电压及能量密度。以 $Na_2Li_2Ti_6O_{14}$ 为例，其在嵌/脱锂过程中的电化学反应方程式可表示如下：

$$Na_2Li_2Ti_6O_{14} + xLi^+ + xe^- = Na_2Li_{2+x}Ti_6O_{14} \quad (9-6)$$

根据反应的吉布斯自由能，可以算出电极材料相对于金属锂负极（半电池）的电压：

$$\bar{V}(x) = -\frac{\Delta G_r}{xF} \approx -\frac{\left[E\left(Na_2Li_{2+x}Ti_6O_{12}\right) - E\left(Na_2Li_2Ti_6O_{12}\right)\right] - xE(Li)}{xF}$$

$$(9-7)$$

类似于前面热力学稳定性的计算，当固态材料的体积效应和焓变对吉布斯自由能的贡献被忽略之后，（半）电池的电压可以用系统的总能进行估算。有文献报道，在近似的条件下，电压计算值的误差小于 0.1 V。需要指出的是，电极材料的吉布斯自由能或 DFT 总能不仅在研究材料的热力学稳定性和理论电压中有重要的作用，还是预测电极材料的相图、表面稳定性和粒子形貌的基础。除此之外，电极材料中锂离子嵌入的数目及其占位情况也很重要，因为这决定了材料的比容量。对于储锂机制问题，可以采用原位 XRD 并结合 Rietveld 精修技术进行研究，也可以采用第一性原理通过计算锂离子处于晶格中不同的空位处时系统的能量来确定。

表9-1列出了一些最有可能的嵌锂位置。对于大部分锂离子嵌入材料，如 $LiMn_2O_4$、$Li_4Ti_5O_{12}$、$LiFePO_4$ 和 $LiCoO_2$ 等，Li—O 键的键长约为 2.0 A，此时氧和锂之间的静电吸引作用和短程排斥作用将达到一个微妙的平衡，

因此系统的能量最低。考虑到材料的化学计量比，每个 $Na_2Li_2Ti_6O_{14}$ 单元将提供 2 个 8e 和 4 个 16n 空位用于容纳外来的锂离子。

表 9-1　锂嵌入过程中晶格常数、晶格体积及电压的理论计算值

计量比	a/Å	b/Å	c/Å	体积 /Å³	电压 /V
$Na_2Li_2Ti_6O_{14}$	5.7098	11.2143	16.4625	1054.117	—
$Na_2Li_4Ti_6O_{14}$	5.7701	11.2905	16.5218	1076.351	253
$Na_2Li_6Ti_6O_{14}$	5.8694	11.5962	16.2718	1107.503	0.837
$Na_2Li_7Ti_6O_{14}$	6.0035	11.4952	16.2578	1121.974	0.224

为了定量地研究 $Na_2Li_2Ti_6O_{14}$ 材料的储锂机制，仍需要采用第一性原理对嵌锂过程中锂离子的占位情况及电压进行计算。嵌锂过程中的晶格常数、晶格体积及电压的变化值如表 9-1 所示。计算结果表明，在第一个阶段嵌锂时，当外来的锂离子分别占据 4a、4b、8c、8e、8h 和 16n 位置时，系统的相对能量分别为 0.554 eV、2.635 eV、0.574 eV、0.000 eV、0.354e V 和 0.219 eV。因此，外来的锂离子占据 8e 位在能量上是最为有利的。表 9-1 的计算结果还表明，当所有的 8e 空位均被外来的锂离子占据时，电极材料相对于金属锂电极的电位约为 1.253 V，此时的理论嵌锂容量约为 93.87 mA·h/g。随着锂离子的嵌入，电极材料的电位继续降低，此时锂离子将优先占据能量次低的 16n 位置。对于 $Na_2Li_6Ti_6O_{14}$ 和 $Na_2Li_7Ti_6O_{14}$ 嵌锂态，它们相对于金属锂电极的电位分别为 0.837 V 和 0.224 V，此时的理论嵌锂容量分别为 187.73 mA·h/g 和 234.67 mA·h/g。当晶格中的嵌锂数目达到 5.5 的时候，反应式的吉布斯生成能已经变为正值，相应的电化学反应变为非自发过程。第一性原理的计算结果表明，$Na_2Li_2Ti_6O_{14}$ 晶格大约可以容纳 6 个外来的锂离子，这与实验的结果完全一致。

虽然理论上所有电极材料的电压均可以通过第一性原理计算来确定，

Oxidation

新时代锂电材料性能及其创新路径发展研究

但是在计算的过程中人们仍需要细致地考虑各种嵌/脱锂态的几何结构以及锂离子的占位情况等问题。对于不具备扎实理论基础的实验研究人员来说，材料结构的多样性及计算过程的复杂性使他们比较难以开展理论计算工作。为了解决这个问题并提供一种简单的方法用于预测材料的电位，Doublet 等开展了一些相关的研究工作。他们改写了电极材料的电位计算公式，并将其分解成 3 个部分，即 1 个与氧化还原活性中心的化学势及化学硬度相关的原位贡献以及 2 个因外加电荷的引入而引起的位间贡献。对于强离子系统，上述 3 个部分的贡献仅用 2 个 Madelung 势进行表示即可，而 Madelimg 势则可以通过简单的电荷计算来确定。

二、电极材料的表面形貌的预测及表面效应

由于锂离子电池的电极材料主要以氧化物为主，较差的电子电导率及锂离子扩散动力学使其倍率性能受到了极大的限制。目前纳米化是解决上述问题的一个非常有效的方法。为了评价和揭示纳米效应对电极材料的电化学性能的影响，有关电极材料的表面稳定性及电子结构的研究成为人们关注的焦点。材料的表面稳定性一般可用表面能（或弛豫裂解能）来评价，其计算公式如下：

$$\gamma = \frac{E_{slab} - nE_{bulk}}{2A} = \frac{E_{slab}^{rel}(A) + E_{slab}^{rel}(B) - nE_{bulk}}{4A} \quad (9-8)$$

式中：E_{slab} 和 E_{bulk} ——分别为材料的表面及体相的总能量，J；

A ——表面的面积。

在晶体的生长和沉积过程中，当表面和环境之间存在物质交换的情况时，一些特定的不稳定表面（如氧化物极化面）是可以通过实验方法制备出来的。为了将环境的因素考虑进去，需要引入表面 grand 势（SGP）的概念：

$$SGP = \frac{1}{2A}\left[E_{slab} - N_{Ti\mu}\mu_{Ti} - N_{Li\mu}\mu_{Li} - N_O\mu_O\right] = f(\mu_{Ti}, \mu_{Li}, \mu_O) \quad (9-9)$$

上式中的 SGP（Ω）是各物质的化学势（μ）的函数，且计算过程中的体积效应和熵的贡献也可以忽略不计。由于表面内部的各物质之间存在着化学平衡，上式可以简化成化学势的二元函数：

218

$$\text{SGP} = \varphi + \frac{1}{2A}\Big[\big(2N_{\text{Li}} - N_{\text{Ti}}\big)\Delta\mu_{\text{Ti}} - \big(4N_{\text{Li}} - N_{\text{O}}\big)\Delta\mu_{\text{O}}\Big] = f\big(\Delta\mu_{\text{Ti}}, \Delta\mu_{\text{O}}\big)$$

$$（9-10）$$

根据 $LiTi_2O_4$ 的生成吉布斯自由能，可以确定 $\Delta\mu_{\text{Ti}}$ 和 $\Delta\mu_{\text{O}}$ 的取值范围分别为 [-10.70 eV，0.00 eV] 和 [-5.35 eV，0.00 eV]。上式中的 φ 值与各表面的化学计量比有关。

当表面形成之后，由于表面配位数的降低以及表面组成的变化，表面的电子结构相对于体相发生了很大的变化，从而对电极材料的电化学性质产生了影响。

除了富锂表面以外，$LiTi_2O_4$ 负极材料的（111）-Ti 和（111）-Ti$_3$ 表面的功函也很小，相应的数值分别为 1.534 eV 和 2.877 eV；与富锂表面的电子结构类似，这两个表面的 O_{2p} 带也处于能量较低的位置，且它们的 CB 和 VB 间也出现了一些隙间态。（111）-Li$_2$TiO$_8$ 终结面在贫钛和富氧的条件下可以稳定存在，它的 O_{2p} 带主要分布在 [-8.0 eV，0.0 eV] 区间，其价带顶处于能量较高的位置。因此，电子从（111）-Li$_2$TiO$_8$ 终结面移除变得较为困难，该表面具有较大的功函。需要指出的是，Li、O 和 Ti 的化学势是相互关联的，富锂和富钛的条件实际上与贫氧条件是等价的。$Li_4Ti_5O_{12}$ 负极材料表面的功函随表面组成的变化趋势与实验的研究结果完全一致，即电极材料的表面功函随着表面氧空位的增加（贫氧条件）而逐渐减低。上述有关表面稳定性、电子结构和功函的讨论为相应电极材料的表面结构控制和电化学性能的优化提供了理论依据。

三、锂离子扩散动力学及倍率性能

锂离子电池的倍率性能是一个重要的电化学指标，良好的倍率性能对于实际应用至关重要。电池材料的倍率性能不仅与材料的电子结构和电子导电性相关，也与锂离子在晶格中以及界面中的扩散动力学有关。采用理论计算方法研究锂离子在晶格中的扩散路径和扩散势垒，不仅可以深化人们对材料的结构和性能关系的认识，还为人们调控材料的结构以激活高速扩散通道提供了依据。这对于高倍率性能的电极材料的设计具有重要的指导作用。

锂离子在晶格中的扩散动力学的第一性原理计算一般需要遵循以下步骤：

（1）确定锂离子的嵌锂位置以及可能的迁移路径。对锂离子的占位情况，特别是电极材料处于不同的嵌锂态时，需要结合晶体的几何结构、对称性和 Wyckoff 位置等信息，并通过总能的计算来确定。这部分计算与嵌锂机制和电压的预测类似。

（2）在确定了扩散路径的初始态和终止态的几何构形的基础上，利用线性插值方法在两个状态之间生成若干个镜像。

（3）利用微动弹性带的方法（NEB）对整个路径中所有镜像的能量进行估算，并根据设置的标准对各镜像的几何结构进行调整和重新优化，最终确定锂离子扩散时的最低能量路径（MEP）。

在确定了特定的扩散路径的势垒之后，可采用以下公式计算锂离子的扩散系数：

$$D = a^2 v \cdot \exp\left(\frac{-E_a}{kT}\right) \tag{9-11}$$

式中：a——跃迁距离；

v——尝试频率，nm；

E_a——活化能。

跃迁距离可以通过锂离子扩散过程中的几何坐标的变化来确定，而尝试频率一般采用 $10^{13}s^{-1}$ 或者通过计算材料的声子谱来确定。根据上式可以计算出锂离子在 $LiTi_2O_4$ 晶格中的扩散系数。

第一性原理计算目前已经被成功地应用到了电池材料的结构和性能的研究中，为电极材料的性能预测及其结构设计提供了重要的理论依据。而理论计算和实验技术相结合也势必成为本领域未来发展的一个重要趋势，这将为新能源材料的设计和开发提供重要的思路。

参考文献

[1] 张江峰 . 锂及锂电池材料标准汇编 [M]. 北京：中国标准出版社，2017.

[2] 徐艳辉，李德成，胡博 . 锂离子电池活性电极材料 [M]. 北京：化学工业出版社，2017.

[3] 冯传启，王石泉，吴慧敏 . 锂离子电池材料合成与应用 [M]. 北京：科学出版社，2017.

[4] 何向明，王莉，虞兰剑 . 锂离子电池正极材料规模化生产技术 [M]. 北京：清华大学出版社，2017.

[5] 其鲁 . 电动汽车用锂离子二次电池 [M]. 北京：科学出版社，2017.

[6] 胡国荣，杜柯，彭忠东 . 锂离子电池正极材料原理、性能与生产工艺 [M]. 北京：化学工业出版社，2017.

[7] 吴成良，韩鹏，周翔升 . 锂电池电量检测系统与回收利用研究 [M]. 天津：天津科学技术出版社，2017.

[8] 魏浩，杨志 . 锂硫电池 [M]. 上海：上海交通大学出版社，2018.

[9] 葛飞 . 中国盐湖锂产业专利导航 [M]. 北京：知识产权出版社，2018.

[10] 刘炳伦，穆朝娟 . 碳酸锂的临床应用 [M]. 济南：山东大学出版社，2018.

[11] 赖纳·科特豪尔 . 锂离子电池手册 [M]. 陈晨，廖帆，闫小峰，等译 . 北京：机械工业出版社，2018.

[12] 朱利恩玛格，维志，等 . 锂电池科学与技术 [M]. 刘兴江，译 . 北京：化学工业出版社，2018.

[13] 徐国栋 . 锂离子电池材料解析 [M]. 北京：机械工业出版社，2018.

[14] 徐艳辉，耿海龙，李德成 . 锂离子电池溶剂与溶质 [M]. 北京：化学工业出版社，2018.

[15] 孙冬，许爽，杨小亮 . 锂离子电池建模与状态估计 [M]. 北京：中国建材工业出版社，2018.

[16] 刘云霞 . 锂硫电池的性能改进研究 [M]. 重庆：重庆大学出版社，2018.

[17] 李建伟，赵峥，王晓明，等.锂业自主创新发展战略研究 [M]. 北京：中国市场出版社，2018.

[18] 任海波.锂离子电池与新型正极材料 [M]. 北京：原子能出版社，2019.

[19] 李效广，李志丹，金若时，等，200 年"锂"程：从石头到能源金属 [M]. 武汉：中国地质大学出版社，2019.

[20] 常龙娇，王闯，姚传刚，等.锂离子电池磷酸盐系材料 [M]. 北京：冶金工业出版社，2019.

[21] 曾晓苑.锂空气电池高性能催化剂的制备与应用 [M]. 北京：冶金工业出版社，2019.

[22] 王丁.锂离子电池高电压三元正极材料的合成与改性 [M]. 北京：冶金工业出版社，2019.

[23] 徐晓伟，林述刚.锂离子电池石墨类负极材料检测 [M]. 哈尔滨：黑龙江人民出版社，2019.

[24] 张现发.高性能锂离子电池电极材料的制备与性能研究 [M]. 哈尔滨：黑龙江大学出版社，2019.

[25] 伊廷锋，谢颖.锂离子电池电极材料 [M]. 北京：化学工业出版社，2019.

[26] 张义永.锂硫电池原理及正极的设计与构建 [M]. 北京：冶金工业出版社，2020.

[27] 卢赟，陈来，苏岳锋.锂离子电池层状富锂正极材料 [M]. 北京：北京理工大学出版社，2020.

[28] 罗学涛，刘应宽，甘传海.锂离子电池用纳米硅及硅碳负极材料 [M]. 北京：冶金工业出版社，2020.

[29] 李雪.锂离子与钠离子电池负极材料的制备与改性 [M]. 北京：冶金工业出版社，2020.

[30] 冯莉莉.CuO 在锂离子电池负极中的应用 [M]. 北京：中国原子能出版社，2020.

[31] 周小卫，吴广明.纳米氧化钒基锂离子电池阴极材料的制备及性能研究 [M]. 上海：同济大学出版社，2020.

[32] 张强，黄佳琦.低维材料与锂硫电池 [M]. 北京：科学出版社，2020.